非线性科学与土木工程应用

刘传孝　著

黄 河 水 利 出 版 社
·郑 州·

内 容 提 要

本书深入浅出地介绍了非线性科学的基础理论知识，并重点介绍了其在土木工程中的实际应用。土木工程等复杂系统的演化具有典型的非线性动态特征，非线性科学理论是当前研究复杂系统问题的有效途径。分形几何学及混沌动力学等非线性科学方法在实际应用中仍具有较强的局限性，本书是作者在非线性科学基础理论研究方面的成果，以及研究成果在土木工程领域的应用，拓展了非线性科学研究复杂系统动力学行为的空间。

本书适合广大科技工作者参考，也可作为土木工程、水利水电工程、热能与动力工程、矿业工程及工程力学等专业的研究生和本科生的教材。

图书在版编目(CIP)数据

非线性科学与土木工程应用/刘传孝著.—郑州：黄河水利出版社，2017.9

ISBN 978-7-5509-1839-9

Ⅰ.①非…　Ⅱ.①刘…　Ⅲ.①非线性科学-应用-土木工程-研究　Ⅳ.①TU

中国版本图书馆CIP数据核字(2017)第219267号

组稿编辑：李洪良　电话：0371-66026352　E-mail：hongliang0013@163.com

出 版 社：黄河水利出版社

地址：河南省郑州市顺河路黄委会综合楼14层　邮政编码：450003

发行单位：黄河水利出版社

发行部电话：0371-66026940、66020550、66028024、66022620(传真)

E-mail：hhslcbs@126.com

承印单位：河南承创印务有限公司

开本：787 mm×1 092 mm　1/16

印张：8.5

字数：202千字　印数：1—1 000

版次：2017年9月第1版　印次：2017年9月第1次印刷

定价：28.00元

前　言

非线性科学理论是研究复杂系统问题的有效途径,非线性科学的研究对象是现实世界中杂乱无章的空间形态和似乎毫无规律的时间序列,通过非线性科学理论研究能发现复杂系统状态演化的“复杂”规律性。非线性科学包括混沌、分形、模式形成、孤立子、元胞自动机和复杂系统等六个主要研究领域,其研究方法有符号动力学、遗传算法、协同论、分岔、分形、混沌、耗散结构理论、神经网络、突变理论、信息论、控制论、内蕴时理论、灰色系统理论、专家系统、物理元胞自动机、自组织、重整化群、超循环理论等。土木工程等复杂系统的演化具有典型的非线性动态特征,适宜选择非线性科学的理论与方法开展拓展性研究。

分形几何学是一门以非规则几何形态为研究对象的几何学,分形理论作为研究非线性复杂系统演化特征的一种有效方法,得到了越来越广泛的应用。分形几何学的研究经历了由数学基础研究、建立力学定律阶段到揭示机制、定量或定性解决问题阶段的快速发展,更高层次的研究是分形理论及其研究成果的工程应用。混沌是指不需要附加任何随机因素的某些确定性非线性系统,仅由其内部存在着的非线性相互作用所产生的类随机现象。而系统的复杂性、建立符合工程实际的动力系统微分方程组困难和要求的数学知识深等因素,制约了混沌理论在工程领域的广泛、深入应用,因此当前混沌理论的研究仍停留于定性描述水平。本书是作者在非线性科学基础理论研究方面的成果,尤其是分形几何学、混沌动力学的研究成果,以及研究成果在土木工程领域的应用,拓展了非线性科学研究复杂系统动力学行为的空间。

本书共分八章,第一章为非线性科学基础知识,突出了复杂系统基础知识在非线性科学研究领域的重要性;第二章为边坡系统稳定性的混沌动力学分析,对建立边坡系统的运动方程到混沌分析边坡的稳定性进行了全面介绍;第三章为岩石裂纹尖端扩展状态的混沌特征,结合数值模拟方法探讨了裂纹尖端的扩展状态;第四章为地下硐室围岩系统演化的相空间重构及其混沌态,基于数值模拟数据进行相空间重构,基于实测资料研究了地下硐室围岩系统演化的动力学特征;第五章为深埋煤层应力松弛状态演化的相空间重构及其混沌态,根据煤的应力松弛试验数据再现系统的原始信息,探究了深埋煤层应力松弛系统演化的混沌特征;第六章为岩石节理裂隙分布尺度效应的分形特征,统计岩石节理裂隙分布规律,应用分形几何法确定了岩石节理裂隙分布的无标度区,并在标度不变的基础上建立了岩石节理裂隙分布预测模型;第七章为石灰岩断口细观复杂程度的分形几何学分析,描述了石灰岩细观损伤破坏的分形特征,建立了基于统计分形的石灰岩损伤本构关系,并进行了试验曲线拟合;第八章为不同温度影响下混凝土蠕变特性及分形特征,主要应用分形几何学方法,联合定量分析确定了一定温度范围内导致混凝土蠕变特性突变的温度。

本书尤其是第一章,引用了国内外许多学者的相关著作、论文、教材及研究成果,因而本书知识结构较完整、逻辑性较强，具有一定的参考价值。本书的撰写得到了秦广鹏、吴子科、王龙、张晓雷、李茂桐、周桐、程传超、张冲、孟琪、李想等的大力帮助，在此表示感谢。囿于作者水平，不当之处，敬请批评指正。

本书的出版得到了山东省自然科学基金项目(ZR2014DM019)和国家自然科学基金项目(51574156,51004098)的支持，谨致谢意。

作　者

2017年8月18日于泰山

目　录

第一章　非线性科学基础知识

非线性科学的研究对象是现实世界中杂乱无章的空间形态和似乎毫无规律的时间序列，通过非线性科学研究，从中发现它们的"复杂"规律性。在 n 维欧氏空间上能够产生 n 维动力系统，按照对初始条件是否敏感的标准，可以将动力学系统分为两类：对初始条件不敏感的系统，其初始条件的微量变化只导致相应轨道的微量变化，不改变系统的主要特征；对初始条件极其敏感的系统，其初始条件的微量变化将导致相应轨道的截然不同。以是否可积为标准，可以将动力学系统分为可积、不可积和弱不可积三类，其中后两类动力学系统（尤其是不可积动力学系统）的运动轨道对初始条件十分敏感。混沌、分形、模式形成、孤立子、元胞自动机和复杂系统是非线性科学的六个主要研究领域，非线性科学的研究方法包括符号动力学、遗传算法、协同论、分岔、分形、混沌、耗散结构理论、神经网络、突变理论、信息论、控制论、内蕴时理论、灰色系统理论、专家系统、物理元胞自动机、自组织、重整化群、超循环理论等。

第一节　混沌科学

一、混沌及混沌科学

（一）混沌

中国古代，混沌（Chaos）是指宇宙之初物质的某种原始的、没有分化的状态，引申为人类在认识上处于浑浑噩噩的朦胧状态。《三五历》中的"未有天地之时，混沌如鸡子，盘古生其中，……"，《易乾凿度》中的"气似质具而未相离，谓之混沌"等，阐述了古代中国对混沌的最初认识。古希腊对混沌的认识与古代中国的认识相近，在古希腊早期的自然哲学和宇宙论中，混沌被看作是原始的混乱和不成形的物质，认为宇宙的创造者利用这种物质创造出了秩序井然的宇宙。总之，人们可以认为"混沌"是模糊一团的状态，是有序与无序之间的"中间"状态。数百年来，近代科学以研究自然界的秩序和规律为宗旨，把混沌现象排除在外。康德（Kant）的星云假说认为，太阳系是由处于混沌状态的原始星云演化而来的，并指出"我在把宇宙追溯到最简单的混沌状态以后，没有用别的力，而只是用了引力和斥力这两种力来说明大自然的有序的发展"。因此，康德是考察宇宙从混沌到有序状态演化的第一人。

混沌：指不需要附加任何随机因素的某些确定性非线性系统，仅由其内部存在着的非线性相互作用所产生的类随机现象，亦称作内在随机性、自发混沌、动力学随机性等。

1975 年，李天岩和约克（Yorke）在"周期 3 意味着混沌"的文章中第一次给出了混沌的一种数学形式的定义：

设$f(x)$是闭区间$I[a,b]$的连续自然映射，若$f(x)$有周期性，则对任意正整数n，$f(x)$有n个周期点。从此定理出发，可以这样描述混沌：

(1)$f(x)$的周期点的周期无上界；

(2)闭区间I上存在不可数子集S，满足：

①对任意$x,y \in S$，当$x \neq y$时，有

$$\lim_{n\to\infty} \sup |f^{(n)}(x) - f^{(n)}(y)| > 0 \tag{1-1}$$

②对任意$x,y \in S$，有

$$\lim_{n\to\infty} \inf |f^{(n)}(x) - f^{(n)}(y)| > 0 \tag{1-2}$$

③对任意$x,y \in S$和f的任意周期点y，有

$$\lim_{n\to\infty} \sup |f^{(n)}(x) - f^{(n)}(y)| > 0 \tag{1-3}$$

此定义预言了存在非周期轨道，没有涉及这些非周期点的集合是否具有非零测度及哪些周期是稳定的。因此，该定义的缺陷在于集合S的勒贝格测度有可能为0，即此时的混沌不可观测，而人们感兴趣的是可观测的混沌，即S要有一个正的测度。

根据Li－Yorke定义，1983年Day认为一个混沌系统应具有如下性质：存在所有的周期轨道；存在一个不可数集合，该集合只含有混沌轨道，且任意两个轨道既不趋向远离，也不趋向接近，而是两种状态交替出现，同时任一轨道不趋于任一周期轨道，即该集合不存在渐近周期轨道；混沌轨道具有高度的不稳定性。1989年，Devaner给出了混沌的又一定义：

设X是一个度量空间，一个连续映射$f:X \to X$称为X上的混沌，如果满足：

(1)f是拓扑传递的；

(2)f的周期点在X中稠密；

(3)f具有对初始条件的敏感依赖性。

此定义反映了混沌的映射具有不可预测与不可分解性，但仍有一种规律性。

除此之外，还有Smale马蹄、横截同宿点、拓扑混合及符号动力系统等关于混沌的定义。

（二）混沌科学

混沌科学是随着现代科学技术的迅猛发展，尤其是在计算机技术出现和普遍应用的基础上发展起来的一门新兴交叉学科。混沌学被认为是继相对论和量子力学问世以来20世纪物理学的第三次革命，是非线性现象的核心问题。混沌之所以受到学术界如此广泛的重视，主要是因为在现代的物质世界中，混沌现象无处不在，大至宇宙，小至基本粒子，无不受混沌理论的支配。如气候变化会出现混沌，数学、物理、化学、生物学、哲学、经济学、社会学、音乐、体育中也存在混沌现象。因此，科学家们认为，在现代科学中普遍存在的混沌现象，打破了不同科学间的界限，混沌科学是涉及系统总体本质的一门新兴科学，混沌工程学的出现确立了混沌在现代科学技术中的重要地位。

混沌研究提出了一些新问题,它向传统的科学提出了挑战。如"决定论非周期流",即确定性系统中有时会表现出随机行为,这一论点打破了拉普拉斯决定论的经典理论,以至于连根深蒂固的牛顿力学也受到了它的冲击。美国数学家庞加莱(Poincare)及洛伦兹(Lorenz)的发现表明,在复杂性面前,牛顿力学也是无能为力的,从而拉开了混沌研究的序幕,使混沌的研究成果给自然科学的一些最基本概念,如确定性、随机性、统计规律等注入了新的含义,进而也给一些更普遍的哲学范畴如因果、机遇等赋予了新的含义。同时,数学中的动态系统理论、分岔理论、遍历性理论和分形几何学等都在混沌研究中起着不可替代的作用。混沌科学中包含一些常用的基本概念:

(1)相空间:在连续动力学系统中,用一组一阶微分方程描述运动,以状态变量(或状态向量)为坐标轴的空间构成系统的相空间。系统的一个状态用相空间的一个点表示,通过该点有唯一的一条积分曲线。

(2)流和映射:动力学系统随时间的变化,当发生在连续时间中时,将其称之为流,其对应于相空间的一条连续轨线;当发生在离散时间中时,则称之为映射,对应于相空间中的一些离散的相点。

(3)不动点:又称平衡点,定态不动点是系统状态变量所取的一组值,对于这些值系统不随时间变化;在连续动力学系统中,相空间中有一个点 x_0,若满足 $t\to\infty$ 时,轨迹 $x(t)\to x_0$,则称 x_0 为不动点。

(4)吸引子:指相空间的这样的一个点集 S(或一个子空间),对邻域的几乎任意一点,当 $t\to\infty$ 时,所有轨迹线均趋于 S,吸引子是稳定的不动点集。

(5)奇异吸引子:又称混沌吸引子,指相空间中具有分数维的吸引子的集合,该吸引子由永不重复自身的一系列点组成,并且无论如何也不表现出任何周期性,混沌运行轨迹在此集合之中。

(6)分叉和分叉点:指在某个参数或某组参数发生变化时,长时间动力学运动的类型也发生变化,这个参数值(或某组参数值)称为分叉点,在分叉点处参数的微小变化会产生不同性质的动力学特性,故系统在分叉点处是不稳定的。

(7)周期解:对于系统 $x_{n+1}=f(x_n)$,当 $n\to\infty$ 时,若存在 $\xi=x_{n+1}=x_n$,则称该系统有周期 i 解 ξ,不动点可以看作是周期 1 解,因为它满足 $x_{n+1}=x_n$。

(8)分维:又称分形维数、分数维,是分形的一种定量表征,用于描述具有分形特性的几何对象的内部特征;分维突破了经典维数必须为整数的局限性,为准确地描述自然界中广泛存在的一些极不规则、极不光滑的研究对象提供了新方法。

(9)李雅普诺夫(Lyapunov)指数:用于度量在相空间中初始条件不同的两条相邻轨迹随时间按指数律收敛或发散的程度,这种轨迹收敛或发散的比率,称为 Lyapunov 指数,正的 Lyapunov 指数意味着存在混沌运动。

二、Logistic 映射

在生态学中,动植物群体的数目取决于食物来源、竞争者、捕食者等因素,与环境之间的相互作用关系非常重要。用 n 表示时间,用 x_n 表示第 n 代动植物的出生数,用 x_{n+1} 表示第 $n+1$ 代动植物的出生数,则可用迭代函数表示群体规模的世代变化情况:

$$x_{n+1} = f(x_n, u) \tag{1-4}$$

式中,参数 u 反映了各种因素对群体数目的综合影响情况,将其称为“系统的结构参数”或“控制参数”。将式中的变量 x_n 归一化,即 $x_n \in [0,1]$,建立的一维生态模型即为典型的 Logistic 模型,其 Logistic 映射为

$$x_{n+1} = f(x_n, u) = ux_n(1 - x_n) \tag{1-5}$$

式中,由于 $x_n \in [0,1]$,故 u 不得大于4,所以其取值范围为 $u \in [0,4]$。

映射的不动点是指满足方程 $x = f(x)$ 的那些点,不动点反映了系统的动态行为。当不动点处的映射 $Y = f(x)$ 的斜率 $|f'(x)|$ 大于1时,不动点稳定;反之,不稳定。当参数 u 从0开始变化并逐渐增大时,Logistic 映射的迭代过程表现出很复杂的动态行为:

当 $0 < u < 1$ 时,在 $x \in [0,1]$ 范围内任选一初值 x_0 进行迭代,则序列 $\{x_n\}$ 迅速趋向一个稳定的不动点0,说明群体数目在逐渐减小,最终导致种族灭绝。

当 $u = 1$ 时,$f'(0) = 1$,因而发生跨临界分叉。

当 $1 < u \leqslant 3$ 时,有一个稳定不动点和一个不稳定不动点,因此由初值 x_0 出发的迭代过程总是离开不稳定不动点而趋于稳定不动点,这种情况被称为周期1解。

当 $u = 3$ 时,发生叉型分叉。

当 $3 < u \leqslant 1 + \sqrt{6}$ 时,稳定不动点变为不稳定的点,经过不长的过渡阶段后,又分叉出一对新的稳定不动点,即变量 x_0 在两个值上来回跳动,这种现象称为周期2解。

如进一步增加 u 值,则会观察到周期2解的两个值又不稳定,各自又产生一对新的不动点,从而形成周期4解,接下来周期4解又分叉形成周期8解,……

随着 u 值的逐渐增加,周期解按 2^r 进行分叉,直到当 u 达到极限值 $u_\infty = 3.576\,448\cdots$ 时,系统的稳态解为200,系统进入混沌状态,这种现象被称作倍周期分叉现象,如图1-1所示。

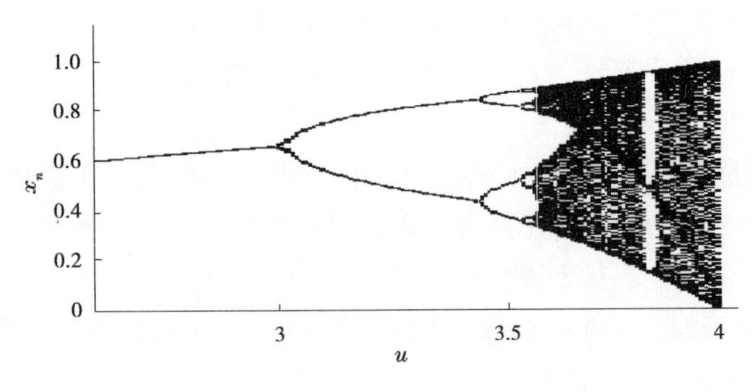

图1-1 Logistic 映射分叉图

三、混沌的基本特征

(一)非线性性

任何一个线性系统都不可能产生混沌,混沌是非线性系统所特有的属性,系统的非线性是产生混沌的本质原因。在数学上,线性问题只是非线性问题的特殊情况;在物理上,真实的系统总是非线性的。

(二)随机性

非线性系统处于混沌状态时,其长时间的动态行为将显现为随机性。如 $u=4$ 时的 Logistic 映射,在区间(0,1)内任意取一初值 x_0 进行迭代运算,会得到一时间序列 $\{x_n\}=\{x_0,x_1,x_2,\cdots x_n,\cdots\}$,序列 $\{x_n\}$ 表示系统的运动轨迹,此时该轨迹既不收敛,也不呈周期运动状态,而是表现出一种"杂乱无章""混乱"的形式。进一步对该序列的频谱特性及自相关特性进行分析得到,混沌信号时域上表现出很强的随机性,频域上表现为宽带谱,同"白噪声"很相似,因此人们又将混沌的这一性质称为"似噪声特性"或"广谱性"。混沌是随机性同规律性相结合的产物。

(三)遍历性

混沌运动的遍历性,是指混沌信号能在一定范围内按自身规律不重复地遍历所有状态。

(四)敏感性

混沌的敏感性表现在两个方面,即初值敏感性和系统结构参数敏感性。初值敏感性是指初值 x_0 发生非常微小的变化,将导致其运动行为产生巨大的差异;系统结构参数敏感性是指系统的运动状态依赖于结构参数的变化。

(五)普适性

普适性是指混沌系统中存在着一些普遍适用的常数。以通过倍周期分叉进入混沌的一类非线性映射为例,其在分叉的速度及分叉的高度两个方面均存在 Feiglbaum 常数 δ 和 α。δ 的存在意味着倍周期分叉通向混沌的速度是按几何级数规律增长的;α 描述的是在倍周期分叉现象中,分叉高度(或宽度)不断缩小的变化规律。Feiglbaum 常数 α 和 δ 在倍周期分叉现象中具有普遍意义,对于这类迭代过程都可以得到这两个常数,是普适常数,与函数形式无关。这说明了倍周期分叉进入混沌是一种相当普遍的自然现象,不论什么系统,都遵循此共同的规律,为混沌的应用提供了理论基础。

(六)分维性

混沌同分形的起源、发展过程均不相同,但二者的研究内容存在着极大的相似性。混沌学研究的混沌事件,在不同的时间标度下表现出相似的变化模式,与分形在空间标度下表现的相似性十分相像。混沌主要讨论非线性动力学系统不稳定的发散过程,但系统状态在相空间中总是收敛于一定的吸引子,这又与分形的生成过程十分相似。因为由非平衡、非线性过程所产生的混沌是一种奇异吸引子,具有不规则的、非周期的、错综复杂的、自相似性结构的特性,是分形集(动力学系统中那些不稳定轨迹的初始点的集合),所以可用分数维来描述混沌。

四、混沌科学的描述方法

混沌科学的描述方法是混沌工程应用的基础，从混沌理论出现以来，便一直面对着混沌的识别问题。

（一）观察法

所谓观察法，是指仅通过对被分析信号的时域或频域特征曲线的观察，来确定混沌存在与否。该类方法是基于从理论上对混沌的认识，采用试验的手段来观察混沌现象，故相对简单、直观，不需复杂的计算。通常在判断一个已知的非线性系统是否出现混沌现象时，用该类方法。

（二）时间历程法

时间历程法又称波形图法，即画出信号的时间曲线图，该图形反映了运动轨迹随时间的变化规律。为了准确反映“定常”运动状态行为，取系统的稳定状态，通常先舍掉前面不稳定运动状态的数值后再作图。由于混沌运动是由确定性系统产生的，具有局部不稳定、整体稳定等特征，决定了其时间历程曲线通常表现出“杂乱”但蕴含着规律、具有一定的可重复性等特征。

（三）相轨迹图法

相轨迹图又称相图，即系统的解（输出）曲线在相空间中的投影，此投影曲线称为相轨迹。混沌系统的相轨迹图与时间曲线图有相似的特征，即不论系统的初值点如何变化，其相轨迹图的形状（吸引子）是不发生变化的，且表现出分形特征。

（四）庞加莱（Poincare）截面法

相图法可将复杂运动简单化，但是对有些复杂运动的轨道研究极其困难。Poincare截面法不仅易于区别周期与非周期，而且也能清楚地反映动力系统在庞加莱截面上的相应结构，同时 Poincare 截面法也可把高维吸引子变换为具有较低维相空间的映射。Poincare截面法是将动力系统的轨线转化成轨迹与一个横截面的交点来研究的，该横截面通常通过一个不稳定的不动点，从而可以在 Poincare 截面上观察到系统形态随时间的演化，分析其演化规律可以发现蕴含在相空间中的吸引子。相空间的连续轨线通过 Poincare 截面时留下的交点称为截点，这些离散的截点构成 Poincare 映射，原动力系统所决定的随时间的连续运动即被转变为 Poincare 截面上的离散映射，且保持了原连续动力系统的拓扑性质。Poincare 截面法被广泛地应用于非线性动力学的研究中。

当 Poincare 截面上具有一个或少数几个离散点时，表明相空间中有一条或几条周期轨道，此时存在周期吸引子，运动是周期的；当 Poincare 截面上出现一条封闭曲线时，表明运动是拟周期的；当 Poincare 截面上出现一些成片的具有分形结构的密集点时，表明运动是混沌的。

（五）功率谱法

功率谱反映了能量按频率的分布情况。通过对时间序列进行 Fourier 分析求出功率谱,可以区分该时间序列表征的动力系统的规则性态(不动点、周期、拟周期)与不规则性态(混沌、噪声)。对具有混沌特征的序列,其功率谱具有连续性、噪声背景和宽峰特征;对于周期性的确定性系统运动,其功率谱是离散的,仅包括基频和其谐波或分频;对于准周期运动,含有各式各样的频率,其功率谱也是分离的,但谱线并不像周期运动那样以间隔的频率分离。根据功率谱特征,可以将周期运动、准周期运动和白噪声的随机运动与混沌运动区分开,但实际中因噪声影响,或者因为时间序列数据有限但周期很长,很难从谱特征上区分运动模式。

(六)自相关函数法

设一信号 $x(t)$ 的时间平均值 $<x>$ 为

$$< x > = \lim_{T\to\infty} \frac{1}{T}\int_0^T x(t)\,\mathrm{d}t \tag{1-6}$$

以 $\zeta(t) = x(t) - <x>$ 表示信号对时间平均值的偏离,则信号的自相关函数 $C(\tau)$ 定义为

$$C(\tau) = \lim_{T\to\infty} \frac{1}{T}\int_0^T \zeta(t)\zeta(t+\tau)\,\mathrm{d}t \tag{1-7}$$

$C(\tau)$ 是相隔时间 τ 的信号之间关联的度量。对于周期信号,$C(\tau)$ 不随 τ 的变化而变化,或者说不随 τ 做周期振荡。如果信号是混沌的,则意味着会失掉以往的信息,经一定时间后,自相关趋于0,即 $C(\tau)$ 会随着 τ 衰减而趋于0。由于信号的功率谱 $P(\omega)$ 与自相关函数 $C(\tau)$ 的傅里叶变换是等价的,即

$$P(\omega) = |\bar{x}(\omega)|^2 = \lim_{T\to\infty} \frac{1}{T}\int_0^T C(t)e^{-j\omega t}\,\mathrm{d}t \tag{1-8}$$

因而这两个量包含信号的同一个信息。

(七)数值计算法

对于由未知系统产生的混沌信号,往往采用数值计算的方法能够更准确地识别混沌,揭示系统的运动本质。关于混沌检测方法的研究一直是许多学者关注的热点问题,相继出现了基于关联维数、估计熵、最大 Lyapunov 指数、非线性预测等方法,根据已有的数据或通过数值计算来检测混沌。

(八)相空间重构法

相空间重构法是根据有限的数据来重构吸引子,以研究系统动力学行为的方法。其基本思想是:由于系统的任一分量的演化是由与之相互作用的其他分量所确定的,因此这些相关分量的信息就隐含在任一分量的发展过程中;只需考察一个分量,并将在某些固定的时间延迟点上的观测值作为新维数来处理,就可以重构出一个等价的相空间,原动力系统中的任何微分或拓扑不变量可以在重构的相空间中计算,重构的相空间具有与实际的动力学系统相同的几何性质与信息特征,且不依赖于重构过程的具体细节;在这个等价的相空间中可以恢复原有动力学系统,初步确定系统的真实相空间维数,研究吸引子的性质。混沌运动至少要在三维自治动力系统中才能出现,因此在实际问题中,要把时间序列

扩展到三维或更高维的相空间中，才能把时间序列的混沌信息充分地显露出来，这就是时间序列的相空间重构。

（九）计算关联维数法

分形维数的定义方法包括 Hausdorff 维数、自相似维数、盒维数、Lyapunov 维数、Kolmogorov容量维数、关联维数和谱维数等，其中关联维数方法基于嵌入定理和重构相空间的思想，从时间序列直接计算关联维数，又称为 $G-P$ 算法。混沌体系是由称为奇怪吸引子的不规则轨线来描述的，奇怪吸引子为分形结构。分维数可对吸引子的几何特征及集于吸引子上的轨道随时间的演化情况进行数量上的描述，因而可以对吸引子的混沌程度进一步细分。若动力系统吸引子的关联维数 $D_2=1$，则系统是自治周期振荡系统；若 $D_2=2$，则系统存在两种不可约频率的准周期振荡；若 D_2不为整数或大于2，则系统表现的是一种对初始条件敏感的混沌振荡。

（十）计算最大 Lyapunov 指数法

Lyapunov 指数是刻画耗散体系相空间中相体积收缩过程中几何特征变化的物理量，其重要作用是判断系统是否具有混沌行为，最大 Lyapunov 指数（LE_1）是表示两条初始无限小分开的轨迹之间的相对距离在单位时间内的平均指数增长因子。在混沌系统中，由于初始状态的微小不确定性将会迅速地按指数速度扩大，预测能力也将随之迅速丧失，这种轨迹收敛或发散的比率，称为 Lyapunov 指数。最大 Lyapunov 指数（LE_1）与系统运动特性之间的对应关系为：$LE_1<0$ 时，系统为定常运动；$LE_1=0$ 时，系统为（准）周期运动；$LE_1>0$时，意味着初始状态相接近的不同轨迹总体上会指数发散，即系统出现了混沌运动；LE_1趋于无穷大时，系统为随机运动。

混沌轨道的局部不稳定性，使相邻轨道以指数速率分离。1958 年，Kolmogorov 定义信息的平均损失率为 K 熵（亦称测度熵），刻画了信息产生的速率，是描述混沌运动的一个重要特征量：

$$K \leqslant \sum_{i:LE_i>0} LE_i \tag{1-9}$$

实际应用中，K 熵是指所有正的 Lyapunov 指数之和，式(1-9)给出了 K 的上限。K 熵可以定量地评价混沌系统的混沌程度：在规则运动中，$K=0$；在随机运动中，$K\to\infty$；若系统表现为确定性混沌，则 K 是大于 0 的常数。K 熵越大，信息的损失速率越大，系统的混沌程度越高，说明系统越复杂。

诸多识别、判别混沌的方法中，不同程度地存在对观测噪声和数据量的鲁棒性差、计算较复杂等缺陷。而在实际的工程应用系统中，观测数据又往往存在许多噪声，且长度有限。因此，如何判断小数量、强噪声的信号是确定性的混沌还是随机信号，已经成为目前混沌检测的主要方向，即目前还缺乏一个普适性的混沌科学描述方法。随着数字信号处理技术的飞速发展，数值法成为研究混沌的常用方法。

五、混沌理论的应用与发展

混沌工程学（Engineering Chaos）是混沌学在工程上的应用，是将混沌理论研究成果投入到实际工程应用中的一个体现，是混沌理论同其他学科相互促进、渗透、综合发展而形成的一门新的分支。在混沌工程学中，产生混沌、识别混沌是充分利用混沌的前提。由于混沌工程学注重的是混沌的应用，因此其研究方法、手段及内容与混沌学相比具有很大的差异，更加注重于超前应用。但混沌工程学的发展又离不开混沌学理论，二者相辅相成，使得混沌科学更加多姿多彩。混沌科学的应用领域包括优化与搜索、神经网络、图像数据压缩、非线性时间序列预测、模式识别、故障诊断、信号测量、保密通信、系统特性分析、产生计算机图形、电力电子系统等。

由于材料结构的复杂性、难以建立符合工程实际的动力系统微分方程组、混沌理论需求的数学知识比较高深且可操作性差等，阻碍了混沌理论在工程领域的深入应用，致使混沌理论的研究多数仍然停留在定性描述层次上。混沌工程学的应用重点，是对分维、功率谱、熵及 Lyapunov 指数等混沌数字特征的新算法研究，对时间序列进行分析、建立描述工程实际运动规律的混沌理论模型，实现混沌短时预测。

第二节　分形几何学

1973 年，B. B. Mandelbrot 在法兰西学院讲课时，首次提出了分维和分形几何的设想。分形（Fractal）的原意是不规则、支离破碎，分形几何学是一门以非规则几何形态为研究对象的几何学。不规则现象在自然界是普遍存在的，因此分形几何学又称为描述大自然的几何学。自然界中普遍存在的几何对象绝大多数属于分形，整形是例外，是理想状态下存在的。物理分形的自相似性是近似的或统计意义上的，亦称无规分形；按严格数学规则生成的分形为数学分形，是客观世界自组织过程形成的物理分形的数学模型，又称有规分形。

分形几何的主要特点为：从整体上看，分形几何图形是处处不规则的，从整体到局部基本上是自相似的；在不同尺度上，图形的规则性是相同的。分形理论在数学、物理、化学、计算机、水利、土木、化工、生态、大气、地震等领域得到了迅速发展，特别是分形理论作为研究非线性复杂土木工程动力学系统演化特征的一种有效方法，得到了越来越广泛的应用。

一、分形维数——系统复杂程度的度量

（一）拓扑维 d

维数是几何对象的一个重要特征量，一个几何对象的维数等于确定其中一个点的位置所需要的独立坐标数目，据此定义的维数通常称为拓扑维 d，亦即欧几里得空间维数。显然，线的拓扑维为 1，面的拓扑维为 2，体的拓扑维为 3。

（二）分数维 D

图 1-2 是一种理想化的海岸线，若尺子长度 r 为$\frac{1}{3}$，那么量出的海岸线长度 $L=\frac{4}{3}$；若 $r=\left(\frac{1}{3}\right)^2$，则量出的 $L=\left(\frac{4}{3}\right)^2$，…；海岸线长度 L 随尺子长度 r 的减小而加长。

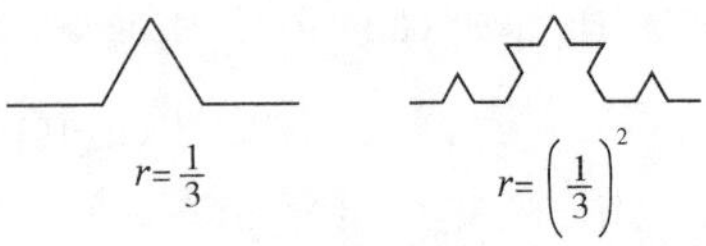

$r=\frac{1}{3}$　　$r=\left(\frac{1}{3}\right)^2$

图 1-2　量测海岸线长度

若用 $r = \left(\frac{1}{3}\right)^n$ 的尺子去量测海岸线,得

$$L = \left(\frac{4}{3}\right)^n \tag{1-10}$$

设 L 和 r 的关系为

$$L = r^u = N(r) \cdot r \tag{1-11}$$

式中的 $N(r)$ 显然是用 r 去度量海岸线所得到的长度为 r 的段数,所以 $\left(\frac{4}{3}\right)^n = \left[\left(\frac{1}{3}\right)^n\right]^u$,取对数得

$$u = 1 - \frac{\lg 4}{\lg 3} = 1 - D \tag{1-12}$$

式中,$D = \frac{\lg 4}{\lg 3} = 1.261\ 86$,$D$ 称为分数维。进一步可得

$$L = r^{1-D} \tag{1-13}$$

按照欧几里得空间维数的基本定义来衡量分数维 D:有弯曲海岸线的维数应大于直线的维数 1,所以 D 的值大于 1;二维的面可视为由无穷的线构成,但并未充满整个平面,因此 $r \to 0$、$L \to \infty$ 时海岸线的维数达不到 2。因此,分数维 D 由下式定义,即用边长为 r 的小"立方"块去覆盖客体,量出的小立方块的最小个数是 $N(r)$:

$$N(r) = \frac{1}{r^D} \quad 或 \quad D = \frac{\lg N(r)}{\lg\left(\frac{1}{r}\right)} \tag{1-14}$$

分形是自然界中的一类复杂几何形体,因而其分数维 D 对研究复杂现象具有重要意义。分数维 D 的大小是系统复杂程度的一个度量,是对分形对象复杂程度的不变测度。

(三)容量维 D_0

Kolmogorov 定义:对 d 维空间的一个集合 E(吸引子),用直径为 r 的小球去覆盖,如果完全覆盖所需的小球数是 $N(r)$,且 r 越小则 N 越大,那么系统的容量维为

$$D_0 = -\lim_{r \to 0} \frac{\lg N}{\lg r} \tag{1-15}$$

因早在 1919 年 Hausdorff 就提出了类似的定义,所以容量维也称 Hausdorff 维数。拓扑维与容量维存在以下大小关系:

$$d \leqslant D_0 \tag{1-16}$$

对于定常运动,$D_0 = 0$;对于周期运动,$D_0 = 1$;对于准周期运动,$D_0 = 2$ 或 $D_0 = 3$;

对于随机运动，$D_0 \to \infty$；对于混沌运动，D_0 为正的分数，但维数为分数的系统不一定是混沌系统。

（四）信息维 D_1

信息是人们对一个事件惊奇程度的测量。不确定性越大的事件，给人们带来的惊奇程度越大，包含的信息量也越大；确定事件的信息量为零。在热力学里，用 Boltzmann 熵来量度系统微观上的不确定性：

$$S = K\lg N \tag{1-17}$$

其中，N 为系统可能的微观态的数目，K 为 Boltzmann 常数。

由于系统的不确定性为我们提供了或多或少的系统信息，所以 Boltzmann 熵是关于信息的最原始的物理量。对于热力学微观态，如果所有状态出现的概率均等，且为

$$p_i = \frac{1}{N} \tag{1-18}$$

则

$$S = -K\sum_{i=1}^{N}\frac{1}{N}\lg\frac{1}{N} = -K\sum_{i=1}^{N}p_i\lg p_i \tag{1-19}$$

Shannon 延伸了 Boltzmann 熵的物理意义，将等概率事件所蕴含的信息量定义为

$$I_1 = -\sum p_i\lg p_i \tag{1-20}$$

由 Shannon 信息量可知，一个点处在误差为 r 间隔内的信息 $I_1 \propto \lg\frac{1}{r}$，且 $I_1 = D_1 \lim\limits_{r\to 0}\lg\frac{1}{r}$，其中 D_1 为信息维或 Renyi 维：

$$D_1 = \lim_{r\to 0}\frac{I_1}{\lg\frac{1}{r}} = \lim_{r\to 0}\frac{-\sum\limits_i p_i\lg p_i}{\lg\frac{1}{r}} \tag{1-21}$$

拓扑维、信息维和容量维的大小关系为

$$d < D_1 \leqslant D_0 \tag{1-22}$$

（五）关联维数 D_2

$y_i(i=1,2,\cdots,N)$ 是系统一个解的序列，设 $y_i=(x_i,x_{i+1},\cdots,x_{i+m})$，$C(r)$ 为距离 (y_i,y_j) 小于 r 的点对在总点对中所占的比例数，可在[0,1]区间内取值，即

$$H(r-|y_i-y_j|) = \begin{cases}1 & (r-|y_i-y_j|\geqslant 0)\\ 0 & (r-|y_i-y_j|<0)\end{cases} \tag{1-23}$$

则

$$C(r) = \frac{1}{N^2}\sum_{i\neq j}\sum H(r-|y_i-y_j|) \tag{1-24}$$

定义从时间序列中计算的关联维数为

$$D_2 = -\lim_{r\to 0}\frac{\ln C(r)}{\ln r} \tag{1-25}$$

（六）模糊分维 $\tilde{D}$

模糊自相似可以分为有序和无序两类，主要区别在于将细分后小图像（结构）与原来的图像（结构）作对比时，大、小图像内部的元素是否还要按一定顺序排列。若按顺序排列后再来考虑其相像的程度，则得出的是有序模糊自相似程度或从属度；若不按顺序排列，考虑其相像的程度，则得出的是无序模糊自相似程度或从属度，无序的模糊自相似结构（相像）可用模糊分维理论描述。

在有序的情况下，若原标度定为 1，新标度定为 r，则 $1/r$ 可称为自相似比；假定 μ_i 为第 i 个小图像和以 r 为标度构成的单位标度图像“相像”的程度，即模糊自相似的从属度，则可以把 $\ln C = \ln\sum\mu_i$ 与 $\ln r$ 之间的线性相关系数 μ_S 定义为整个复杂结构（现象）的模糊自相似从属函数：

$$\mu_S = \frac{\sum \ln r_j \ln C_j - (1/n)\sum \ln r_j \sum \ln C_j}{\{[\sum(\ln r_j)^2 - (1/n)(\sum \ln r_j)^2][\sum(\ln C_j)^2 - (1/n)(\sum \ln C_j)^2]\}^{1/2}} \tag{1-26}$$

其中，$\sum$ 为 j 从 1 到 n 求和。

在无序的情况下，$\ln C$ 与 $\ln r$ 若近似为线性关系，则其斜率即为模糊分维数 $\tilde{D}$，对应的直线关系为

$$\tilde{D} = -\frac{\ln C}{\ln r} \tag{1-27}$$

模糊自相似性从属函数 μ_S 与模糊分维数 $\tilde{D}$ 是两个独立的参量，前者通过点（$\ln C_j, \ln r_j$）相对于平均直线的离散度来描述复杂结构（现象）的“自相似”（自相像）的程度，后者则通过该平均直线的斜率来表示复杂结构（现象）。

二、标度不变性

对一个分形现象，若把尺子长度 r（可以是空间尺度，也可以是时间尺度）变换成 ξr 时，其自相似结构特征不会改变，仅是原来的放大或缩小，则 ξ 称为标度因子，这种尺度变换的不变性称为标度不变性。标度不变性对分形来说是一种普适的规律，即均满足

$$N(\xi r) = \frac{1}{(\xi r)^D} = \xi^{-D}N(r) \tag{1-28}$$

这表明当尺度由 r 变成 ξr 后，$N(r)$ 乘以 ξ^{-D} 后即变成 $N(\xi r)$。

普适程度由标度指数来分类，具有相同标度指数的分形属于同一普适类，同一普适类的分形具有相同的分数维 D。一般将标度律写成

$$f(\xi r) = \xi^u f(r) \tag{1-29}$$

其中，u 为标度指数，且 $0 < u(=1-D) < 1$。

三、分形几何学研究现状

当前，分形几何学的研究分为三个层次：研究分形的数学基础并重新建立分形空间中的力学定律；广泛、系统地探讨分形行为和分形结构，揭示复杂现象的分形机制和形成过程，应用分形定量或定性地解释和描述过去只能近似描述仍难以描述的现象和问题；将分形理论及其研究成果应用到工程中，以解决生产中的实际问题，促进工程问题的定量化、精确化和可预测性。其中，第二层次是研究的热点，第三层次是研究的努力方向，即目前仅限于指出研究对象的分形特征，计算其分数维，之后结合对研究对象的实测，分析研究对象的性质及特征。

第三节　模式形成与自组织

一、模式形成

模式形成(Pattern Formation)是指在胚胎发育中，细胞按照一定的时空模式，在个体中精确有序地形成各种结构的过程。发育过程中，细胞在空间上有秩序地进行其功能行为，从而引起生物组织和器官等的形态结构有序发育，意味着要在某一个发育区域由一个均匀的无结构的初态按部就班地演化出有序的生物结构。模式形成的具体事件包括：

(1)胚胎发育过程中的原肠胚在何时何地形成；

(2)植物生长过程中的树叶将在茎干的何处形成，长成何种形状；

(3)动物肢体发育过程中的骨在其间质中何处变得致密，其数量、形状和相对位置的确定；

(4)动物毛皮上色素的各种分布，形成不同的花纹；

(5)神经系统发育过程中细胞的迁移、定位与自组；

(6)癌细胞的分化与生长；

(7)昆虫腿和鸟翅等的肢体嫁接，肢体发育中前后左右对称性的破缺；

(8)水螅等躯体损伤后的再生；

(9)果蝇等节肢动物的体节的形成；

……

模式形成是发育生物学的中心问题，对其过程及机制的研究，对认识生物形态的发生和演化十分关键。要解释生物模式形成这样一个非线性复杂系统的行为过程的机制，不仅需要生物学家和力学理论研究者之间的结合，而且离不开分子生物学、细胞生物学、遗传学、生物化学、数学、力学、物理等多学科的融合。目前，模式形成已经在储油层形成机制等领域得到了广泛应用。

二、自组织

(一)基本含义

1900 年,Benard 发现了对流有序现象。在圆盘中倒入液体,从下面加热,开始时液体中只有热传导。当上下液面温差达到某一临界值时,对流突然发生,形成很有规律的对流花样。俯视盘盖,形成了蜂窝状的正六角形格子,如图 1-3 所示,是一种宏观有序的动态结构,是一个典型的"自组织"过程。

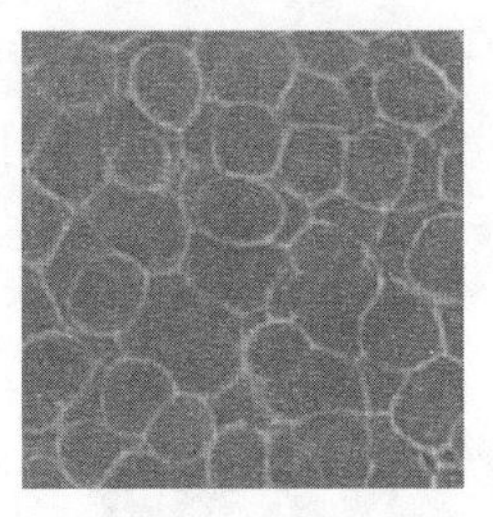

图 1-3　Benard 对流

沸腾传热中包含着沸腾泡核形成,这些子过程相互协作,每一个子过程均是下一子过程形成的条件;这些子过程又相互竞争,当自己处于优势时就替代了其他子过程,自发地组成了时空结构。再如,由高空水汽凝结会形成非常规则的六角形雪花,图 1-4 是雪花冰晶中能见到的一些骨架图案,真实的雪花冰晶更加丰富多彩。

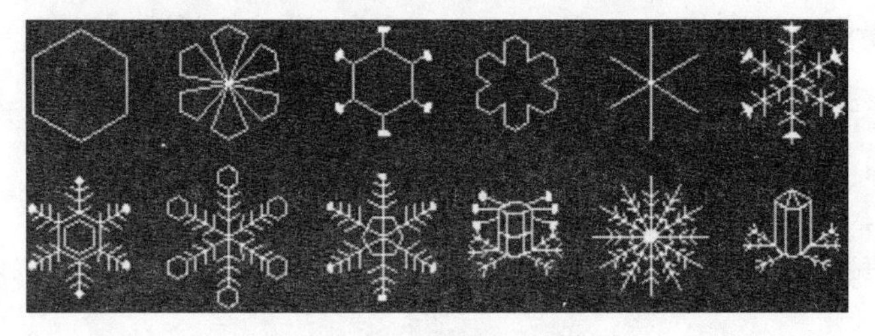

图 1-4　雪花骨架图案

自组织理论在强调系统自组织演化的根源来自内在动力的同时,十分重视外部环境对系统形成有序结构的作用。耗散结构论认为,系统只有和外界进行物质、能量、信息的交换,从外界引入足够大的负熵流,并大于系统产生的自向熵,才会向有序方向进化。另外,系统演化达到临界点时,往往同时面临多个可能的分支,系统最终进入哪个分支,受到外部环境各种因素的影响。影响因素包括系统边界环境的尺度,形状,表面条件,向系统输入的物质流、能量流或信息流的流速与流量,外部环境的稳定性等。但是,外部条件对系统自组织的作用,只有通过内因才能转化为推动系统自组织演化的负熵流。协同学阐述了复杂系统子系统之间的竞争和协同推动系统从无序到有序的自组织演化,总体上推动了对系统自组织演化内部机制和动力的认识。因此,将 Prigogine 的耗散结构论和 Haken 的协同学相结合,用以阐述复杂系统从无序到有序演化时出现的一种复杂现象——自组织机制,更加完整、合理。

（二）自组织过程

自组织过程分为三类：由非组织到组织的过程演化；由组织程度低到组织程度高的过程演化；在相同组织层次上由简单到复杂的过程演化。

三类自组织过程具有本质区别：第一类自组织过程，是从非组织到组织、从混乱的无序状态到有序状态的演化，意味着组织的起源，需要研究的是组织起点和临界问题；第二类自组织过程，是一个组织层次跃升的过程，是有序程度通过跃升得以提升的过程，研究的是组织复杂性问题；第三类自组织过程，标志着组织结构与功能在相同组织层次上从简单到复杂的水平增长。总体而言，耗散结构对于理解复杂系统的自组织演化具有重要意义，充分开放是系统自组织演化的前提条件，非线性相互作用是自组织系统演化的内在动力，涨落是系统自组织演化的原初诱因，循环是系统自组织演化的组织形式，相变和分叉体现了系统自组织演化方式的多样性，混沌和分形揭示了从简单到复杂的系统自组织演化规律。

（三）自组织演化

复杂系统由子系统组成，元素之间、子系统之间的非线性相互作用是系统产生自组织的根本内在机制，自组织只能出现于非线性系统。非线性意味着无穷的多样性、差异性、可变性、非均匀性、奇异性和创新性，仅在非线性相互作用下，自组织系统内部的各种相互作用之间密不可分，相互之间有竞争、有合作，演变为有机的整体，表现出强烈的整体行为。自组织是复杂的、非线性的现象，而不是维持稳定结构的相对简单的程序。随机涨落促使系统向吸引子方向的轨道移动，由一个状态进入另一个状态，经过一段时间的吸引子作用，系统发展达到最适宜的结构。

（四）自组织的涨落影响

在热力学系统中，宏观参量温度 T、压力 P、熵 S 反映了系统大量微观组分随机运动的统计效应，但只能测得平均值，实际参量值在平均值附近波动，称之为涨落（Fluctuation），如图 1-5 所示。序参量作为统计平均值，存在涨落是必然的。

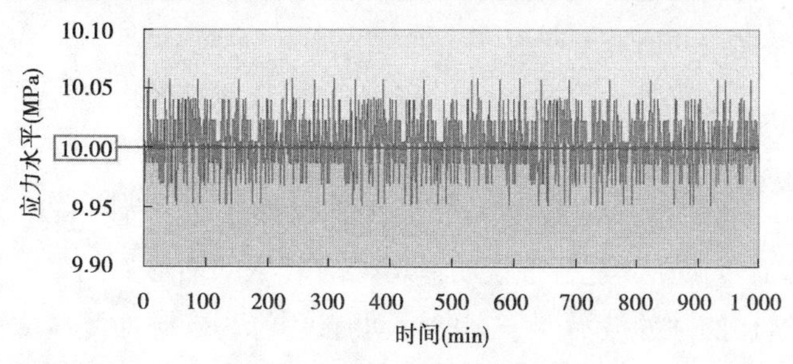

图 1-5　涨落示意图

涨落的特点是大小、形状和范围都是随机变化的，无法在宏观上加以预见和控制。涨落的尺度因条件而变化，涨落是对稳定性的挑战、对对称性的破坏，不同的涨落对系统的作用也不同。随机涨落是相对于系统平均状态的偏差波动，对系统的自组织过程起着触发、催化作用,是系统自组织演化的原初诱因。通过随机涨落,个别子系统超越常规,“认识”到其他新的状态,而当新的发现得到其他子系统的响应并在整个系统内得以放大时,系统就被诱导进入新的或更有序的状态。

随机涨落驱动了系统中的子系统在取得物质、能量和信息方面的非平衡过程,使得系统中出现差距,加大差距,进而产生对称性破缺,成为系统自组织的支配力量。由此可见,随机涨落是不稳定因素,但在一定条件下也可诱发系统的自组织过程,对自组织的实现起关键作用。

第四节　孤立子与元胞自动机

一、孤立子

孤立子(Solitons)/孤立波(Solitary Waves)是一种具有永久形状的、局域化的行波解,到处被发现,尺度在 $10^{-7} \sim 10^{10}$ cm,具有类似于粒子碰撞不变的性质,它们的波形和速度在相互碰撞后仍能保持不变或者只有微弱的变化。

1834 年秋,英国科学家、造船工程师罗素(J. S. Russell)在运河河道上看到了由两匹骏马拉着的一只迅速前进的船突然停止时,被船所推动的一大团水却并未停止,它积聚在船头周围激烈地扰动,然后形成一个滚圆、光滑而又轮廓分明的大水包,高度为 0.3 ~ 0.5 m,长约 10 m,以每小时约 13 km 的速度沿着河面向前滚动。罗素骑马沿运河跟踪这个水包时发现,它的大小、形状和速度变化很慢,直到 3 ~ 4 km 后才在河道上渐渐地消失(忽略水的阻力时,波在行进中的形状和速度保持不变)。普通水波由水面的振动形成,振动沿水平面上下进行,水波的一半高于水面,另一半低于水面,并且由于能量的衰减会很快消失。罗素所发现的这个水包完全处于水面之上,能量的衰减也非常缓慢,且由于它具有圆润、光滑的波形,所以不是激波。罗素将他发现的这种奇特的波包称为孤立波,并在其后半生专门从事孤立波的研究。

通常线性的波动方程具有行波解,时间和空间坐标不是各自独立的变量,而是以它们的线性组合作为变量,随着时间推移,波形向前传播。1895 年,柯脱维格和德维累斯(Korteweg - de Vries)研究浅水波时建立了一个非线性波动方程——KdV 方程,得出了类似的解,才在理论上对孤立波进行了说明。KdV 方程解的图形如图 1-6 所示,像一个孤立的脉冲。当两个这样的脉冲波沿同一方向运动时,因峰高的脉冲波速度快,将会赶上前面峰低的脉冲波而发生碰撞。1965 年,美国科学家扎布斯基(Zabusky)和克鲁斯卡尔(Kruskal)在计算机上进行数值试验,意外地发现两个这样的波在碰撞之后,居然仍能保持各自的波形和速度不变,类似于粒子的性质,因此又将这样的波称为孤立子(波)。

孤立子理论的发展,对数学和物理学都具有重要意义。物理学中的一些基本方程如规范场论中的自对偶杨 - 米尔斯方程、引力场理论中的轴对称稳态爱因斯坦方程,以及一

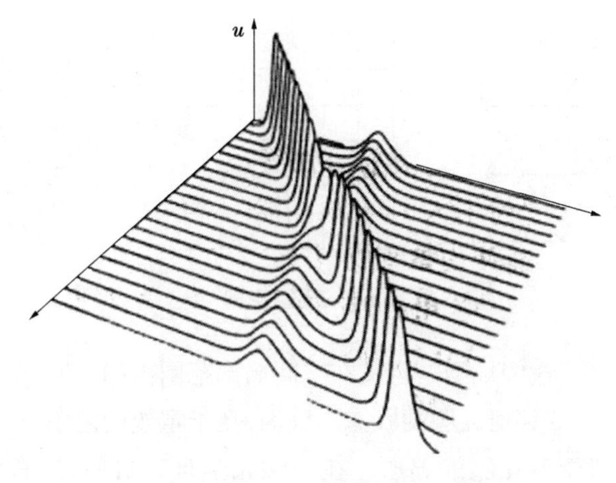

图 1-6　孤立波图

系列在流体力学、非线性光学、等离子物理中有重要应用的方程，都已应用孤立子理论中的方法找到了许多有趣的精确解。在数学中，可积性方程的判定及其代数性质、几何性质的研究，不仅将大大丰富偏微分方程理论本身，而且将促进一系列与之相关的分支，诸如李群、辛流形、代数几何、函数论等的发展。

孤立子形成于星系中的密度波、木星的大红斑、海洋中水波对油井的撞击、等离子体、磁场系统、激光在固体中的传播、超导等系统。孤立子理论的研究和应用领域包括流体物理、固体物理、基本粒子物理、等离子体物理、凝聚态物理、超导物理、激光物理、生物物理、非线性光学物理、经典场论和量子场论等。

二、元胞自动机

元胞自动机（Cellular Automata）是一组动力学系统，以完全离散（在时间、空间和数值上）、同步、均一、确定、局部相互作用和演化的内在平行形式为特征，是离散动力系统的原型，其结构十分简单而又能产生十分复杂的行为，即每个元胞的行为都十分简单，但整体行为却可导致复杂的形态发生。元胞自动机最基本的组成包括元胞、元胞空间、邻居及规则四部分。

（一）元胞

元胞又称单元或基元，是元胞自动机最基本的组成部分。元胞分布在离散的一维、二维或多维欧几里得空间的晶格点上。

（二）元胞空间

元胞所分布的空间网点集合，即元胞空间。理论上，元胞空间的几何划分可以是任意维数的欧几里得空间规则划分，对于最常见的二维元胞自动机，其二维元胞空间通常可按三角形、四方形或六边形三种网格排列，如 1-7 所示。

（三）邻居

元胞及元胞空间只表示了系统的静态成分，为了将“动态”引入系统，必须加入演化

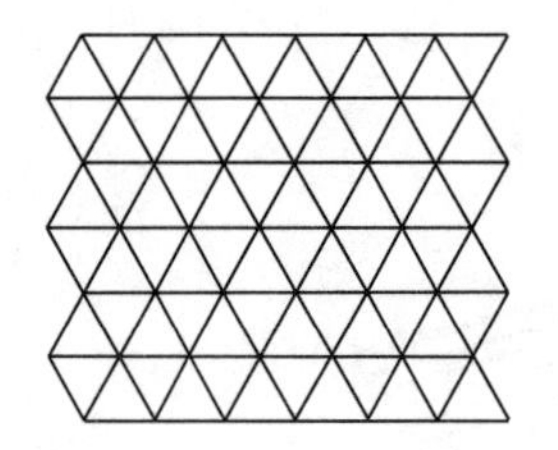
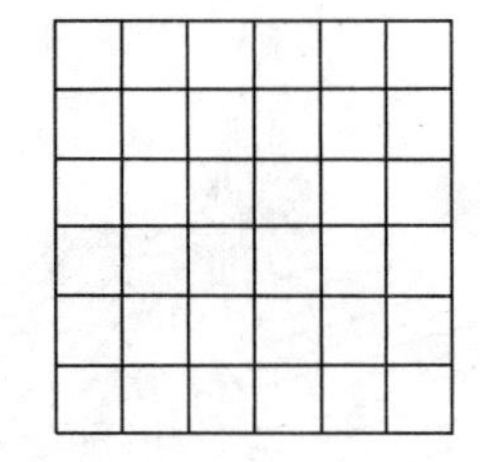
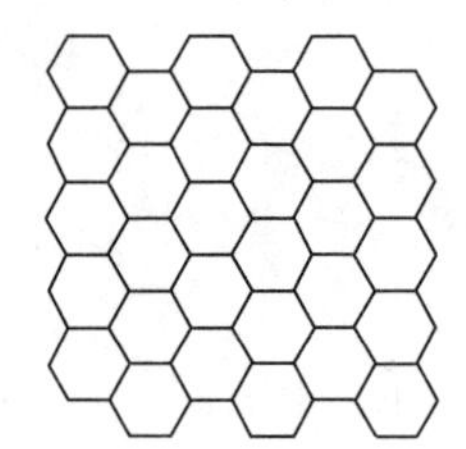

图 1-7 元胞空间

规则。在元胞自动机中,这些规则是定义在空间局部范围内的,即一个元胞下一时刻的状态取决于本身状态和它的邻居元胞的状态。因而,在指定规则之前,必须定义一定的邻居规则,明确哪些元胞属于该元胞的邻居。在一维元胞自动机中,通常以半径 r 来确定邻居,距离一个元胞 r 内的所有元胞均被认为是该元胞的邻居。二维元胞自动机的邻居定义较为复杂,以最常用的规则四方网格划分,通常包括三种形式,如图 1-8 所示。图中的黑色元胞为中心元胞,阴影状元胞为其邻居,用邻居元胞的状态一起来计算中心元胞下一时刻的状态。

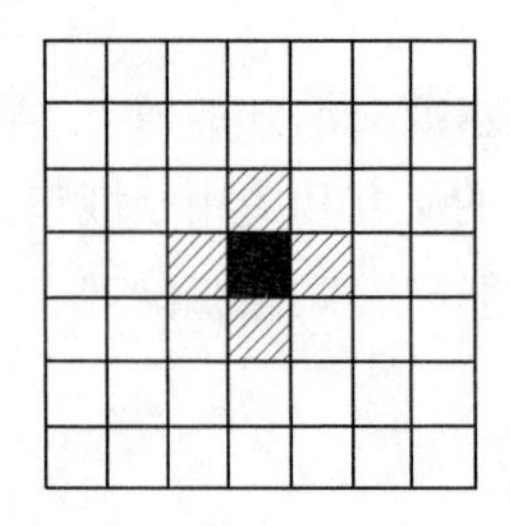
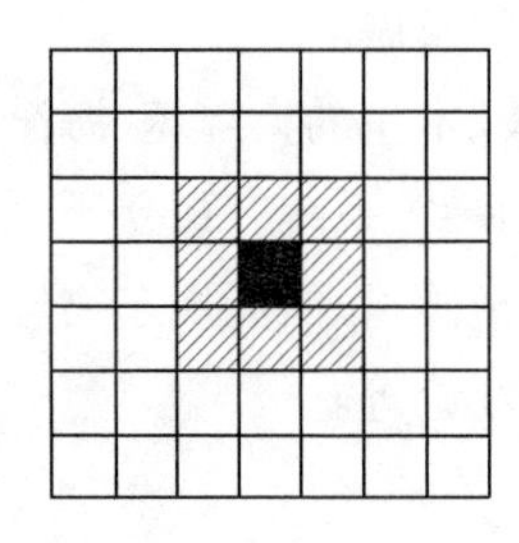
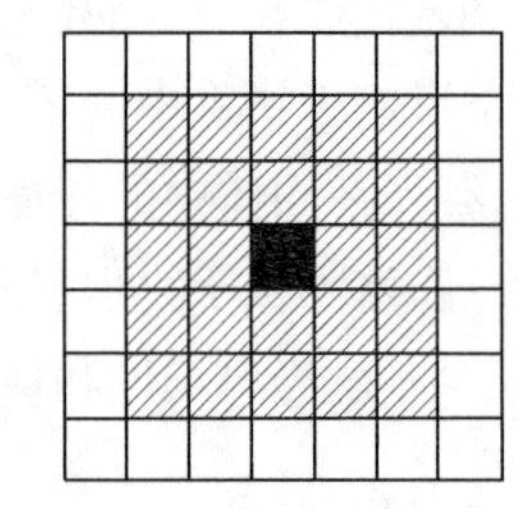

图 1-8 邻居模型

1. 冯－诺依曼型

一个元胞的上、下、左、右相邻四个元胞为该元胞的邻居。这里,邻居半径 r 为 1,相当于图像处理中的四邻域、四方向。

2. 摩尔型

一个元胞的上、下、左、右、左上、右上、右下、左下相邻八个元胞为该元胞的邻居。邻居半径 r 同样为 1,相当于图像处理中的八邻域、八方向。

3. 扩展的摩尔型

将以上的邻居半径 r 扩展为 2 或者更大,即得到所谓扩展的摩尔型邻居。

(四) 规则

规则就是根据元胞当前状态及其邻居状况确定下一时刻该元胞状态的动力学函数,即状态转移函数。这个函数构造了一种简单的、离散的空间/时间范围的局部物理成分,在修改范围内采用局部物理成分对其结构的元胞重复进行修改。因此,尽管物理结构本身每次都不发展,但其状态在变化。

不同的元胞自动机规则将生成不同的模式,元胞自动机可分为 4 个不同性质的种类,产生 4 种不同特征的模式:空间均匀态;简单的稳定序列或周期结构;非周期的混沌行为;复杂的局域化结构。不论结构和演化规则在细节上有何不同,同一种类中的所有元胞自动机将表现出性质上相似的行为。

元胞自动机共有 256 种独立的规则,比较成熟的元胞自动机演化规则包括 HPP(Hardy - Pomeau - Pazzis)碰撞规则、退火规则、沙堆规则、蚂蚁规则、道路交通规则、概率规则及表面生长规则等。

第五节　人工神经网络

人工神经网络(Artificial Neural Network,简称 ANN)是由人工建立的以有向图为拓扑结构的动态系统,通过对连续或断续的输入状态进行相应的信息处理。

在生物学上,神经系统的基本构造单元是神经细胞,也称为神经元,如图 1-9 所示,每个神经单元主要由细胞体、树突和轴突三部分构成。树突的作用是向四方收集由其他神经细胞传来的信息,轴突功能主要是从细胞体向四方传出信息。每个神经细胞所产生和传递的基本信息是兴奋或抑制,两个神经细胞的接触点即为突触。

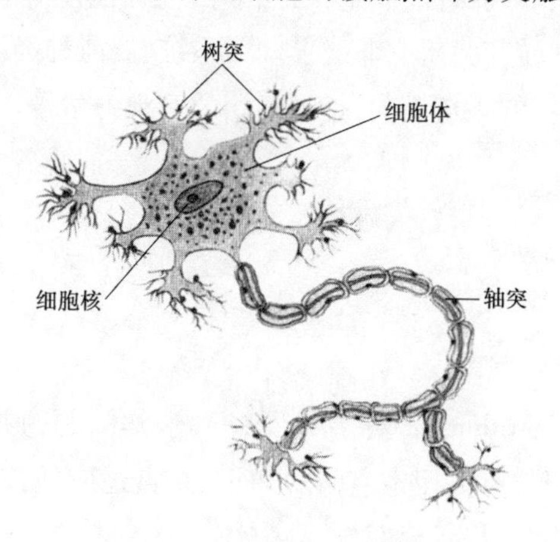

图 1-9　神经单元结构图

神经网络是典型的复杂非线性动力学系统,多层网络 BP 算法和 Hopfield 网络模型是人工神经网络研究和应用的主体。神经网络的主要特征为:

(1)可以充分逼近任意复杂的非线性关系;

(2)所有定量或定性的信息都等势分布储存于网络内的各神经元,鲁棒性和容错性很强;

(3)采用并行分布处理方法,使得快速、大量运算成为可能;

(4)可学习和自适应不知道或不确定的系统;

(5)能够同时处理定量、定性知识。

神经网络对输入状态进行训练、学习与预测分析，如图 1-10 所示。

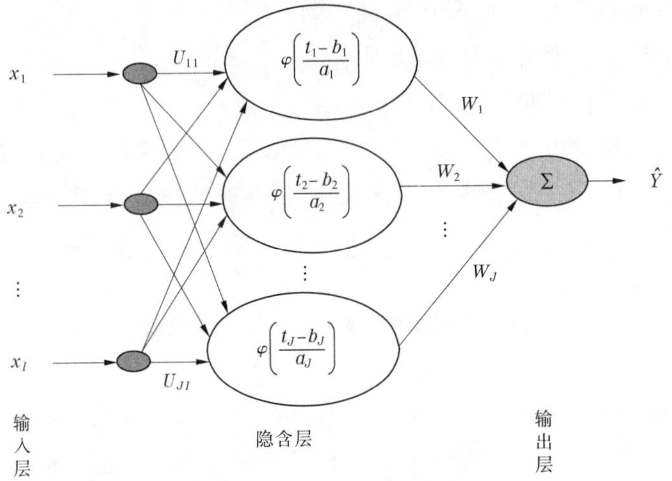

图 1-10　神经网络对输入状态的处理示意图

非线性问题的研究是神经网络理论发展的最大动力，也是其面临的最大挑战。神经元、神经网络都有非线性、非局域性、非定常性、非凸性和混沌等特性，人类的思维方式在计算智能的层次上由线性转变为研究非线性动力系统、混沌神经网络，进行神经网络的数理研究，研究非线性神经场的兴奋模式、神经集团的宏观力学等。

第六节　遗传算法

一、遗传算法的基本思想

遗传算法（Genetic Algorithms，简称 GA）是一种求解问题的并行全局搜索方法，能在搜索过程中自动获取和积累有关搜索空间的知识，并自适应地控制搜索过程以求得最优解，在处理非线性问题时表现出了稳健性、高效性。

20 世纪 60 年代末期到 70 年代初期，遗传算法主要由 Michigan 大学的 John Holland 与其同事、学生们研究形成，是一套较为完整的适用于优化问题研究的理论与方法，已经在机器学习、过程控制、经济预测、工程优化等领域取得成功，引起了数学、物理学、化学、生物学、计算机科学、社会科学、经济科学及工程应用等领域专家的极大兴趣和广泛关注。遗传算法的求解思想是基于自然界的生物经历了从简单（低级）到复杂（高级）的长期进化过程，自然界所提供的答案是经过漫长的自适应过程而得到的结果，利用这一过程本身去解决一些较为复杂的问题，不必非常明确地描述问题的全部特征，只需要根据自然法则就可以产生新的更好的解。遗传算法是从代表问题可能潜在解集的一个种群开始的，而一个种群则由经过基因编码的一定数目的个体组成。每个个体实际上是染色体带有特征的实体。染色体作为遗传物质的主要载体，即多个基因的集合，其内部表现（基因型）是某种基因组合，它决定了个体形状的外部表现。因此，在一开始需要实现从表现型到基因型的映射（编码）工作。由于仿照基因编码的工作很复杂，往往对其进行简化，如二进制编码。初代种群产生后，按适者生存和优胜劣汰的原理，逐代演化产生出越来越好的近似解。在每一代，根据问题域中个体的适应度大小挑选个体，并借助于自然遗传学的遗传算子进行组合交叉和变异，产生出代表新的解集的种群。这个过程将导致种群像自然进化一样的后生代种群比前代更加适应环境，末代种群中的最优个体经过解码，可以作为问题近似最优解。

所以，所有的遗传算法的基本组成要素都可以通过式（1-30）的形式化定义来描述：

$$SGA = (C, E, P_0, M, \Phi, \Gamma, \Psi, T) \tag{1-30}$$

式中　C——个体的编码方法；

E——个体适应度评价函数；

P_0——初始群体；

M——群体大小；

Φ——选择算子；

Γ——交叉算子；

Ψ——变异算子；

T——遗传算法终止条件。

遗传算法的求解步骤为：

第一步，对代表问题的可行解进行编码；

第二步，随机产生初始种群，每个个体表示为染色体的基因编码；

第三步，按具体评价目标计算个体的适应度；

第四步，判断是否符合优化准则；

第五步，依据适应度选择再生个体；

第六步，按照一定的交叉概率和交叉方法，生成新的个体；

第七步，按照一定的变异产生新一代的种群，返回到第三步。

二、遗传算法的特点

（一）传统优化搜索算法的特点

传统优化搜索方法主要有解析法、穷举法、随机法三种类型。解析法主要包括爬山法和间接法，穷举法主要包括完全穷举法、回溯法、动态规划法和限界剪枝法，随机法主要包括导向随机方法和盲目随机方法。

1. 解析法

解析法寻优是研究最多的方法，一般可分为直接法、间接法。直接法是按照梯度信息、按最陡方向逐次运动来寻求局部极值，即爬山法。间接法是通过让目标函数的梯度为

0,进而求解一组非线性方程来寻求局部极值。一般而言,如果目标函数连续可微,解空间方程比较简单,解析法是适用的。但是当方程的变量为几十或几百时,解析法就无能为力了。

2. 穷举法

穷举法可以克服解析法的缺点,而且简单易行,即在一个连续有限的搜索空间或离散无限搜索空间中,计算每个点的目标函数值,主要有完全穷举法、回溯法、动态规划法等。显然,这种方法效率太低而鲁棒性不强,许多实际问题所对应的搜索空间太大,不允许慢慢求解。

3. 随机法

随机法较穷举法有所改进,是一种常用的方法,但它的搜索效率依然不高。随机法通过在搜索空间中随机地游动,并记录下所取得的最好结果,但并非最优值,本质上仍然是一种穷举法。一般当解在搜索空间中呈紧致分布时,搜索才有效,但这一条件在实际应用中很难满足。这些算法对于目标函数连续可微、单峰、解空间较小的情况较为适用,而对于多峰且具有较大解空间的问题效率明显下降。

(二)GA 的特点

与传统的优化搜索方法相比,遗传算法采用了独特的方法和技术,具有以下特点:

(1)遗传算法不是直接作用在参变量集上,而是利用参变量集的某种编码,遗传算法的处理对象不是参数本身,而是对参数集进行了编码的个体。此编码操作,使遗传算法可直接对结构对象进行操作,使得遗传算法具有广泛的应用领域。

(2)遗传算法不是从单个点,而是采用同时处理群体中多个个体的方法,即对搜索空间中多个解进行评估,并行地“爬”多个峰。这一特点使遗传算法具有较好的全局搜索能力,减少了陷入局部最优解的可能,也使遗传算法本身十分易于并行化。

(3)在遗传算法中,基本上不用搜索空间的知识或其他辅助信息,而仅用适应度函数值来评估个体,并在此基础上进行遗传操作。遗传算法的适应度函数不仅不受连续可微的约束,而且其定义域可以任意设定,使得遗传算法的应用范围大大扩展。

(4)遗传算法不是采用确定性规则,而是采用概率的变迁规则来指导它的搜索方向。但遗传算法采用概率作为一种工具来引导搜索过程朝着搜索空间的更优化解区域移动,因此实际上有明确的搜索方向。

(5)遗传算法具有隐含的并行性,隐含并行性与并行性含义不同,它不是指串群可以并行地同时操作,而是指虽然每一代只对 N 个串操作,但实际上处理了大约 $O(N^3)$ 模式。也就是说,虽然只执行了 N 个串的计算量,但在没有占用多于 N 个串的内存的情况下,并行地得到了 $O(N^3)$ 个模式的处理。隐含并行性是遗传算法优于其他解过程的关键。

上述特点表明,遗传算法适用于解决维数很高、总体很大的复杂非线性问题,且能对大搜索空间问题以极少的时间达到最优解。遗传算法以其简单、鲁棒性强、不需要很多的先验知识等特点,能够在大多数情况下得到最优解。

第七节　突变理论

突变理论(Catastrophe Theory),是指事物从性状的一种形式突然地跳跃到根本不同的另一种形式的不连续变化,包含突然变化的瞬时过程。

在自然界和人类社会活动中,除渐变的和连续光滑的变化现象外,水的沸腾、岩石的破裂、矿山突水、桥梁的崩塌、地震、细胞的分裂、生物的变异、人的休克、情绪的波动、战争、市场变化、经济危机等,均为突变现象。法国数学家 Thom 于 1972 年以奇点理论、稳定性理论等为基础,建立了突变理论,用于研究不连续变化现象。突变论的出现引起各方面的重视,被称为“牛顿和莱布尼茨发明微积分以来数学上最大的革命”。

随着系统变量幂次的增高和控制参量数目的增加,分为 7 种突变模型:折迭型突变(Fold Catastrophe)、尖点型突变(Cusp Catastrophe)、燕尾型突变(Swallowtail Catastrophe)、蝴蝶型突变(Butterfly Catastrophe)、椭圆型脐点(Elliptic Umbilic)、双曲型脐点(Hyperbolic Umbilic)和抛物型脐点(Parabolic Umbilic),其方程形式见表 1-1。

表 1-1　初等突变函数

突变模型	状态变量数目	控制变量数目	势函数形式	平衡曲面形式
折迭型	1	1	$V(x)=x^3+ux$	$3x^2+u=0$
尖点型	1	2	$V(x)=x^4+ux^2+vx$	$4x^3+2ux+v=0$
燕尾型	1	3	$V(x)=x^5+ux^3+vx^2+wx$	$5x^4+3ux^2+2vx+w=0$
蝴蝶型	1	4	$V(x)=x^6+tx^4+ux^3+vx^2+wx$	$6x^5+4tx^3+3ux^2+2vx+w=0$
椭圆脐型	2	3	$V(x,y)=(1/3)x^3-xy^2+w(x^2+y^2)-ux+vy$	$x^2-y^2+2wx-u=0$ $-2xy+2wy+v=0$
双曲脐型	2	3	$V(x,y)=x^3+y^3+wxy-ux-vy$	$3x^2+wy-u=0$ $3y^2+wx-v=0$
抛物脐型	2	4	$V(x,y)=y^4+x^2y+wx^2+ty^2-ux-vy$	$2xy+2wx-u=0$ $4y^3+x^2+2ty-v=0$

随着幂次增加,系统的复杂程度将大幅度增加,解的讨论将变得极为复杂,所以迄今为止,在岩石力学领域中折迭型突变和尖点型突变应用得最为广泛。

第八节　复杂系统

一、复杂性(Complexity)

日常所说的“复杂性”或“复杂”,指的是混乱、杂多、反复等意思,并非科学研究领域中与混沌、分形和非线性相关联的“复杂性”,生物复杂性、生态复杂性、演化复杂性、经济复杂性、社会复杂性等均涉及复杂性范畴。一般认为,非线性、不稳定性、不确定性是复杂性的根源,复杂性可以归纳为系统的多层次性、多因素性、多变性、各因素与子系统之间及系统与环境之间的相互作用。由于复杂性概念存在于不同的学科领域,研究对象和采用的分析方法不同,所以到目前为止,对复杂性还没有一个严格的定义。

二、复杂系统(Complexity System)

定义复杂系统,要求其满足下列条件:

(1)系统由大量的作用者(Agent)构成;

(2)单元的种类繁多,各有其定性的模型;

(3)系统是开放的;

(4)单元之间在一定条件下相互作用;

(5)相互作用开始后会有微小变化,但系统能够自组织、自加强、自协调,并产生Emergence现象;

(6)不同的微小变化可导致结果产生巨大的差异。

复杂系统具有下述基本特征:

(1)非线性(不可叠加性)与动态性:非线性说明系统的整体大于各组成部分之和,即每个组成部分不能代替整体,每个层次的局部不能说明整体,低层次的规律不能说明高层次的规律,各组成部分之间、不同层次的组成部分之间相互关联、相互制约,并有复杂的非线性相互作用;动态性说明系统随着时间而变化,经过系统内部和系统与外部环境的相互作用,不断适应、调节,通过自组织作用,经过不同阶段和不同的过程,向更高级的有序化发展,涌现独特的整体行为与特征。在牛顿动力学中有一个基本假定,即一个系统如果不受外界干扰就会趋向于均衡,但在复杂系统动力学中,均衡状态就意味着系统的“死亡”,复杂系统都是非线性的动态系统。

(2)非周期性与开放性:系统在运动过程中不会重复原来的轨迹,时间路径也不可能回归到以前所经历的任何一点,总是在一个有界的区域内展示出一种通常是极其“无序”的振荡行为,非周期性展现了复杂系统演化的不规则性和无序性;开放系统不断地与外界进行物质、能量和信息的交换,具有自组织能力、等稳定性能力,具有不断复杂化和完善化的演化能力,任何一种复杂系统,只有在开放的条件下才能维持和生存。

(3)积累效应(初值敏感性):即所谓的“蝴蝶效应”或初值敏感性,是指在混沌系统的运动过程中,如果起始状态稍微有一点改变,那么随着系统的演化,这种变化就会被迅速积累和放大,最终导致系统行为发生巨大的变化。这种敏感性使得我们不可能对复杂系统做出精确的长期预测。

(4)奇怪吸引性:复杂系统在相空间里的演化一般会形成奇怪吸引子。吸引子是指一个系统的时间运行轨道渐进地收敛到的一系列点集,是系统在不受外界干扰的情况下最终趋向的一种稳定行为形式。而奇怪吸引子是一种既稳定又不稳定,处在稳定和不稳定区域之间的边界,复杂系统在所有相邻的轨道上运行最终都会被吸引到它的势力范围。

(5)结构自相似性(分形性):一般来说,复杂系统的结构往往具有自相似性,或其几何表征具有分数维。

复杂系统是具有上述基本特征的非线性动态系统,分为物理系统(自然系统)、生物系统和社会系统等,其研究方向包括一般共性研究、辅助仿真方法研究和具体的复杂系统研究。

三、复杂性科学(Science of Complexity)

复杂性科学是运用非还原论方法研究复杂系统产生复杂性的机制及其演化规律的科学,是一新兴的边缘、交叉学科,打破了线性、均衡、简单还原的传统范式,致力于研究非线性、非均衡和复杂系统带来的种种新问题。复杂性科学的出现极大地促进了科学的纵深发展,使人类对客观事物的认识由线性上升到非线性、由简单均衡上升到非均衡、由简单还原论上升到复杂整体论。因此,复杂性科学的诞生标志着人类的认识步入了一个崭新的阶段,是科学发展史上又一个新的里程碑。

复杂性科学的研究要基于整体性、动态性、时间与空间相统一、宏观与微观相统一、确定性与随机性相统一等基本原理。复杂性科学的理论分析方法是研究复杂系统必不可少的重要途径,而模型分析方法是研究复杂系统的重要途径之一。模型方法包括混沌动力学模型法、符号动力学方法、结构解释模型法、系统动力学方法、复杂适应系统方法等,复杂系统的数值计算与模拟方法主要有遗传算法、演化计算方法、胞映射方法、系统动力学方法、元胞自动机方法、群方法等。

复杂性科学研究在生物学、生理学、心理学、数学、物理学、化学、电子学、信息科学、天文学、气象学、经济学、艺术等领域都得到了广泛的应用,但也存在不少问题:

(1)泛化复杂性科学研究的趋势应努力避免;

(2)复杂性科学理论的研究和应用主要局限于物理、生物和经济管理领域,其他领域的研究相对滞后;

(3)许多复杂性问题的研究主要停留在定性的层面,定量分析和模型的建立需要加强;

(4)数据的来源不充足,难以满足复杂性分析的需要;

(5)利用计算机进行硬性仿真模拟,僵化了复杂性科学的研究。

第二章　边坡系统稳定性的混沌动力学分析

第一节　边坡系统的运动方程

一、建立顺层边坡三维模型

建立顺层滑坡系统的三维模型，如图 2-1 所示，其高为 h，宽为 l，滑坡体质量为 m，$ABCD$为滑动面，坡角为 α，滑动面倾角为 β，滑坡体沿滑动面的位移为 u。

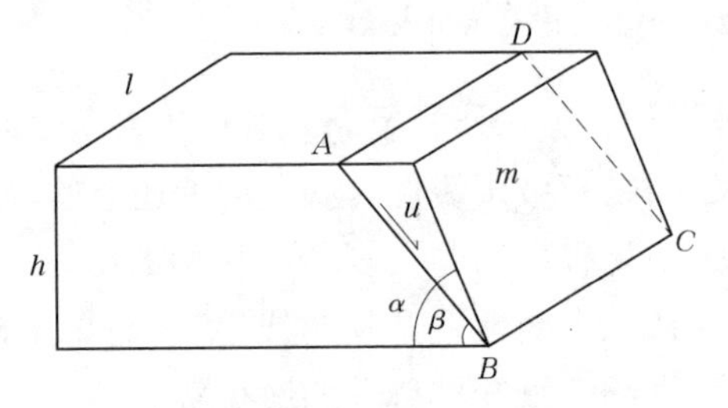

图 2-1　顺层滑坡三维模型

条件假设：滑动面 $ABCD$ 的变化符合应变软化本构关系，本构关系（已约去滑坡体宽度 l）为

$$\tau = G_j \frac{u}{h/\sin\beta} e^{-u/u_0} \tag{2-1}$$

式中　τ——滑动面剪切应力，MPa；

G_j——滑动面初始剪切模量，MPa；

u_0——滑动面峰值剪切强度对应的位移，m。

图 2-2 为滑动面运动应变软化本构关系假设示意图，求其 $u-O-\tau$ 剖面上曲线的拐点：

因为

$$\tau' = \frac{G_j\sin\beta}{h}\left(e^{-u/u_0} - \frac{1}{u_0}ue^{-u/u_0}\right) = \frac{G_j\sin\beta}{h}\left(1 - \frac{u}{u_0}\right)e^{-u/u_0}$$

$$\tau'' = \frac{G_j\sin\beta}{h}\left(-\frac{1}{u_0}\right)e^{-u/u_0} - \frac{1}{u_0}\left(1 - \frac{u}{u_0}\right)e^{-u/u_0}$$

$$= \frac{G_j\sin\beta}{h}\left(-\frac{2}{u_0}e^{-u/u_0} + \frac{u}{u_0^2}e^{-u/u_0}\right)$$

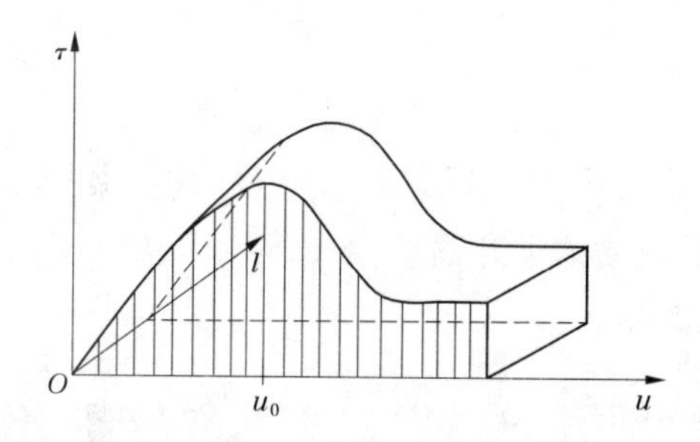

图 2-2　滑动面运动应变软化本构关系假设示意图

$$= \frac{G_j \sin\beta}{u_0 h}\left(\frac{u}{u_0} - 2\right) e^{-u/u_0}$$

令 $\tau'' = 0$，得 $u = 2u_0$。

又因为
$$\begin{cases} \tau'' < 0, u \in (-\infty, 2u_0) \\ \tau'' > 0, u \in (2u_0, +\infty) \end{cases}$$

所以滑动面运动应变软化本构关系曲线的拐点为 $\left(2u_0, \frac{2G_j u_0 \sin\beta}{he^2}\right)$。

二、顺层边坡系统动力学方程

（一）能量原理求解顺层滑坡系统失稳合力

滑坡体总势能为滑动面应变能及滑动势能之和，即

$$V = \left(\int_0^u l\tau \mathrm{d}u\right) \cdot \frac{h}{\sin\beta} - mgu\sin\beta \tag{2-2}$$

则滑坡系统的失稳合力为

$$F = -\frac{\partial V}{\partial u} = mg\sin\beta - \frac{h}{\sin\beta} l\tau = mg\sin\beta - lG_j \cdot u e^{-u/u_0} \tag{2-3}$$

将式(2-3)在拐点 $(2u_0, \frac{2G_j u_0 \sin\beta}{he^2})$ 处按 Taylor 级数展开，由于 $(u - 2u_0)$ 为小量且为简化计算，保留展开式的前四项以近似 F，得

$$F \approx F(2u_0) + F'(2u_0) \cdot (u - 2u_0) + \frac{F''(2u_0) \cdot (u - 2u_0)^2}{2} + \frac{F'''(2u_0) \cdot (u - 2u_0)^3}{6}$$

$$= -\frac{lG_j e^{-2}}{6u_0^2} u^3 + \frac{lG_j e^{-2}}{u_0} u^2 - lG_j e^{-2} u + \left(mg\sin\beta - \frac{8lG_j e^{-2} u_0}{3}\right) \tag{2-4}$$

（二）基于牛顿第二定律求解顺层滑坡系统失稳合力

基于牛顿第二定律 $F = m\ddot{u}$，考虑顺层滑坡系统受阻尼因素和外界周期性因素（如冷暖气候的周期交替）的影响，则顺层滑坡系统的失稳合力可表述为

$$F = m\ddot{u} + \eta\dot{u} - A\cos\omega t \tag{2-5}$$

式中 A——振幅；

ω——频率；

η——阻尼损耗因子，顺层滑坡系统耗损能量的能力的表征。

(三)建立顺层滑坡系统动力学方程

结合式(2-4)和式(2-5)得

$$\ddot{u} + \frac{\eta}{m}\dot{u} + \frac{lG_j e^{-2}}{6mu_0^2}u^3 - \frac{lG_j e^{-2}}{mu_0}u^2 + \frac{lG_j e^{-2}}{m}u = \frac{A}{m}\cos\omega t + \left(g\sin\beta - \frac{8lG_j e^{-2}u_0}{3m}\right) \tag{2-6}$$

常数项对系统的动力学性态影响甚微，故略去，得

$$\ddot{u} + \frac{\eta}{m}\dot{u} + \frac{lG_j e^{-2}}{6mu_0^2}u^3 - \frac{lG_j e^{-2}}{mu_0}u^2 + \frac{lG_j e^{-2}}{m}u = \frac{A}{m}\cos\omega t \tag{2-7}$$

式中 $\frac{\eta}{m}$——相对于滑坡体质量的能量消耗比率，计为系统阻尼 d(damping)。

$-\frac{lG_j e^{-2}}{m} = n$。因此，顺层滑坡系统的动力学方程为

$$\ddot{u} + d\dot{u} - \frac{n}{6u_0^2}u^3 + \frac{n}{u_0}u^2 - nu = \frac{A}{m}\cos\omega t \tag{2-8}$$

该方程为二阶非线性非自治微分方程，与 Duffing 方程极为类似，研究一定条件下强迫项的扰动对方程稳定性的影响，对顺层滑坡系统受环境因素作用的动力效应研究具有重要意义。由图 2-1 知 $m = \gamma \cdot l \cdot \frac{1}{2}(h \cdot \cot\beta - h \cdot \cot\alpha) \cdot h$，则 $n = -\frac{2G_j}{e^2\gamma h^2(\cot\beta - \cot\alpha)} < 0$，是与滑坡体容重、高度、坡角、滑动面倾角和初始剪切模量等有关的量，而且均为时间不变量。

三、顺层边坡系统动力学方程的解析解

边界条件可以由实测资料得到。假设边界条件为：$t = 0$ 时，$u = u_1$ 且 $\dot{u} = v_1$，则可得顺层滑坡系统动力学方程的解析解为

$$u = \frac{v_1 - \frac{(A/m)\omega^2 d}{\omega^2 d^2 + (n-\omega^2)^2} + \left[\frac{(A/m)(n-\omega^2)}{\omega^2 d^2 + (n-\omega^2)^2} - u_1\right] \cdot \frac{-d - \sqrt{d^2 - 4n}}{2}}{\sqrt{d^2 - 4n}} \cdot e^{\frac{-d + \sqrt{d^2-4n}}{2}t} +$$

$$\frac{v_1 - \frac{(A/m)\omega^2 d}{\omega^2 d^2 + (n-\omega^2)^2} + \left[\frac{(A/m)(n-\omega^2)}{\omega^2 d^2 + (n-\omega^2)^2} - u_1\right] \cdot \frac{-d + \sqrt{d^2 - 4n}}{2}}{-\sqrt{d^2 - 4n}} \cdot e^{\frac{-d - \sqrt{d^2-4n}}{2}t} +$$

$$\frac{(A/m)(n-\omega^2)}{\omega^2 d^2 + (n-\omega^2)^2}\cos\omega t + \frac{(A/m)\omega d}{\omega^2 d^2 + (n-\omega^2)^2}\sin\omega t \tag{2-9}$$

第二节　边坡系统稳定性阻尼效应的混沌特征

一、阻尼理论概述

一工程系统受到外界干扰或激励时,系统将得到能量的输入,并通过摩擦等机制将输入能量转变为热能等消散掉,从而保持能量平衡。阻尼是系统耗损能量的能力,是系统受到激励后恢复到静止状态的因素。系统只有坚持从环境中不断接收能量,与阻尼耗能相平衡,才能维持其持续的稳定性。将系统耗能与系统振动的机械能之比定义为阻尼损耗因子 η,增大 η 值是抑制系统振动性、提高系统动态稳定性的重要途径。阻尼技术与数学、力学、声学和材料科学等有密切联系,其工程应用涉及航空航天工程、轻工业部门和大型建筑物及土木结构工程等领域。由于实际工程问题的复杂性,试验方法探求系统最优的阻尼效果仍是主流,进一步的研究工作是在非线性领域阻尼系统的动态理论分析与计算。

顺层滑坡系统受外界干扰等复杂激励因素的影响,其稳定性状态研究具有实际意义。锚注加固等边坡治理措施的作用,提高了系统的阻尼值,降低了系统因受激励而产生的阻尼效应。选用混沌动力学方法进行顺层滑坡系统的阻尼效应分析,可以定性和定量地建立阻尼值变化与系统动态特征之间的联系。

二、滑坡系统稳定性阻尼效应的混沌特征

在顺层滑坡系统动力学方程解的通式中,仅改变参数 d(系统阻尼),而其余参数取定值,以探讨动力学方程稳定性受参数 d 影响的演化特征。各参数取值为

$$\frac{A}{m} = 0.3, \qquad v_1 = 0.6, \qquad u_1 = 0.3,$$

$$n = -\frac{2G_j}{e^2\gamma^2h^2(\cot\beta - \cot\alpha)} = -0.377,$$

$$\begin{cases} G_j = 1.538 \times 10^8\ \text{Pa} \\ \gamma = 2.5 \times 10^4\ \text{N/m}^3 \\ h = 100\ \text{m} \\ \alpha = 60^\circ \\ \beta = 45^\circ \end{cases}$$

$$\omega = \frac{1}{2\pi}\left(\frac{ka}{m}\right)^{\frac{1}{2}} = \frac{1}{2\pi}\left[\frac{2k}{\gamma h\sin\beta(\cot\beta - \cot\alpha)}\right]^{\frac{1}{2}} = 18.41(\text{cycles/s}),$$

式中　k——滑动面刚度,Pa/m,取 5×10^9 Pa/m;

a——滑动面面积,m^2。

所以,对应于该条件下的顺层滑坡动力系统的动力学方程的通解为

$$u=\frac{1}{\sqrt{d^2+1.508}}\Big\{\Big[0.6-\frac{101.68d}{338.93d^2+115\ 127.95}+\Big(\frac{-101.79}{338.93d^2+115\ 127.95}-0.3\Big)\cdot$$
$$\frac{-d-\sqrt{d^2+1.508}}{2}\Big]e^{\frac{-d+\sqrt{d2+1.508}}{2}t}-\Big[0.6-\frac{101.68d}{338.93d^2+115\ 127.95}+$$
$$\Big(\frac{-101.79}{338.93d^2+115\ 127.95}-0.3\Big)\cdot\frac{-d+\sqrt{d^2+1.508}}{2}\Big]e^{\frac{-d-\sqrt{d2+1.508}}{2}t}\Big\}+$$
$$\frac{-101.79}{338.93d^2+115\ 127.95}\cos 18.41t+\frac{5.523d}{338.93d^2+115\ 127.95}\sin 18.41t \tag{2-10}$$

d 的取值分别为 0、0.1、0.2、0.3、0.4、0.5、0.6、0.612 5、0.618 75、0.621 875、0.623 437 5、0.625、0.65、0.7、0.8、0.9、1.0、2.0、3.0、4.0、5.0、6.0、7.0、8.0、9.0、10.0、10.2 和 50.0，t 取值均为 1 ~ 300（间隔 1），对式（2-10）进行迭代计算。顺层滑坡动力学方程的解随时间而变化的 $u—t$ 曲线如图 2-3 所示，为了突出解的差异性，对各 $u—t$ 曲线的高峰值和低谷值区域进行了局部放大，列于各自宏观曲线的右侧。

由图 2-3 可以明显看出，顺层滑坡系统动力学方程随参数 d 的变化呈现出了丰富的特征。d 由 0 逐渐变化到 0.621 875，动力学方程的解呈现宏观周期性变化，但解的局部放大图表明其周期性愈来愈差，失去了规律性，亦可解释为周期愈来愈大。因此，在 d 达到 0.623 437 5 时，动力学方程的 $u—t$ 曲线丧失了周期性，可以用解的周期为无穷大来表述。但是，系统进入混沌以后并不是杂乱无序或一成不变的。d 由 0.623 437 5 增大到 10.0，动力学方程的解均呈现混沌特征，但解的有序性或周期性趋于增强。在 d 达到 10.2 时，动力学方程的 $u—t$ 曲线恢复了周期性，系统又进入了定常态。

因此，顺层滑坡系统动力学方程的稳定性状态在 d 等于 0.623 437 5 和 10.2 时，分别处于定常态到混沌态和混沌态到定常态的转换点。

三、滑坡系统稳定性阻尼效应的混沌动力学分析结论及地质解释

顺层滑坡系统的稳定性受其自身形成条件和外界作用因素的影响较大，对系统动力学方程的稳定性状态分析表明，可以用混沌动力学方法来定量评价顺层滑坡稳定性的系统阻尼效应。对符合滑动面假设条件和本书限定边界条件的顺层滑坡而言，在阻尼水平较低[0,0.621 875]时，抵抗滑坡体运动的能力较差，系统处于定常态、滑坡体状态是不稳定的；在阻尼水平与系统稳定性相适应[0.623 437 5,10.0]时，促使滑坡体运动和抵抗滑坡体运动的能力相当，系统处于混沌态，滑坡体状态虽然是不确定的，却是不稳定趋向稳定的渐变过程；在阻尼水平较高（≥10.2）时，抵抗滑坡体运动的作用优势明显，系统处于定常态、滑坡体状态是稳定的。

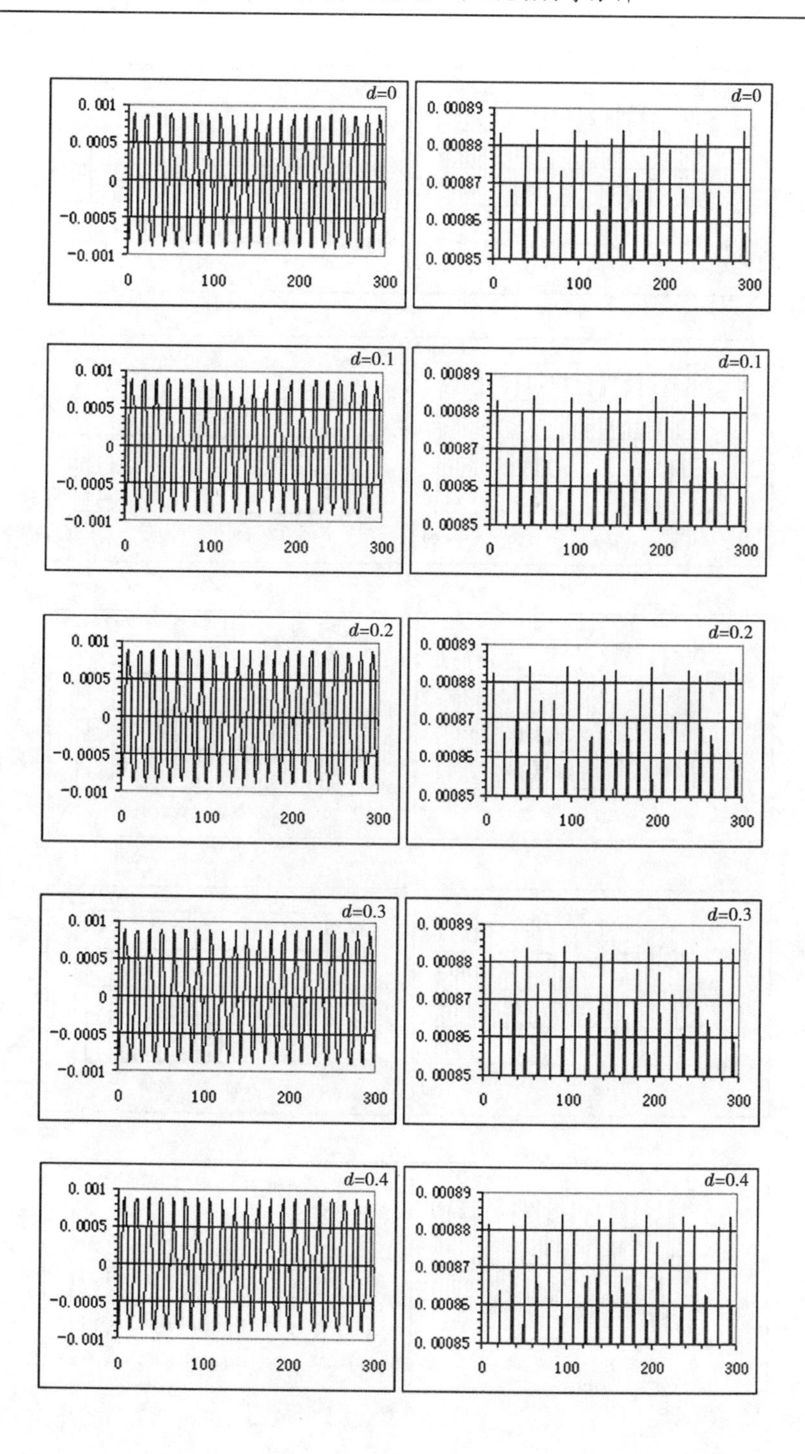

图 2-3　顺层滑坡系统动力学方程的 u—t 曲线

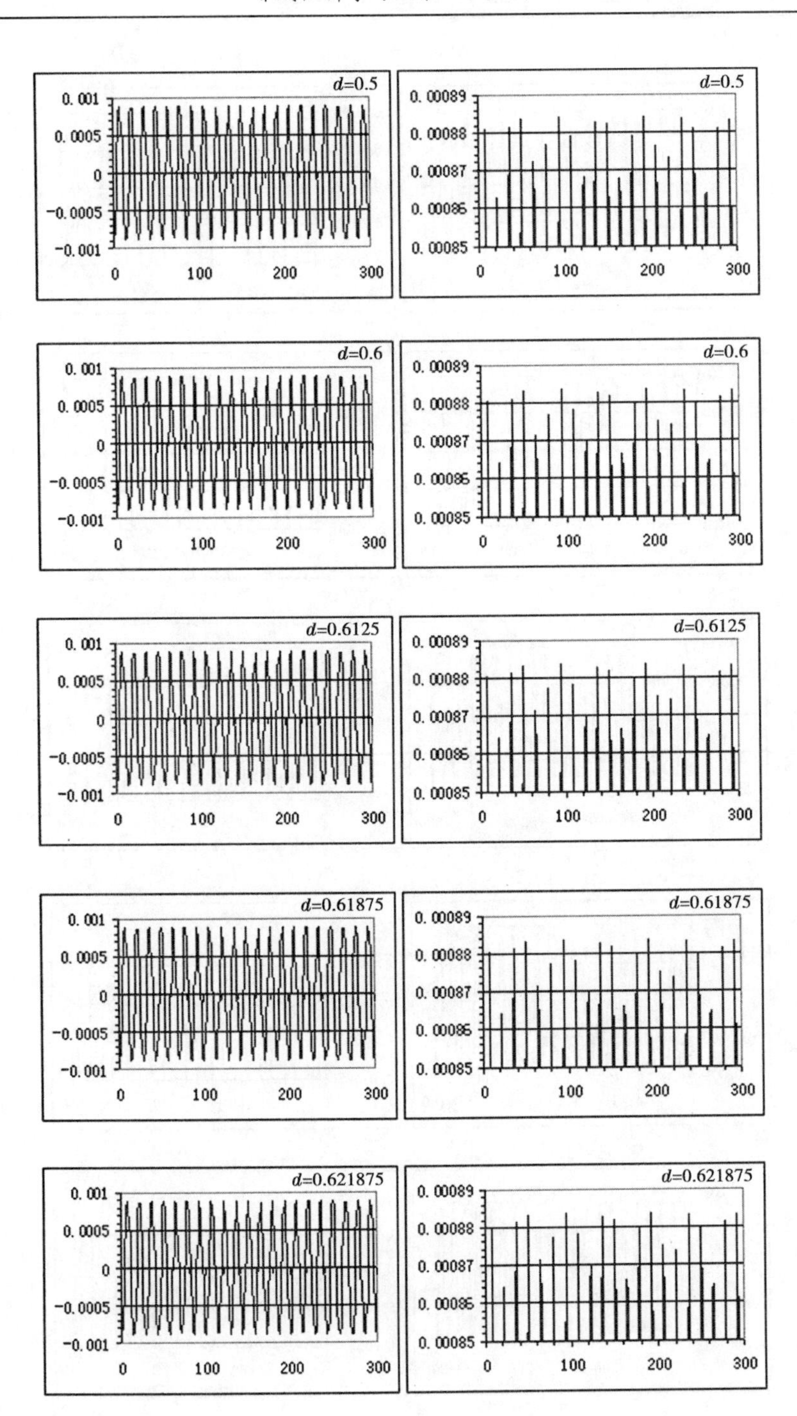
d=0.5
d=0.6
d=0.6125
d=0.61875
d=0.621875
0.001
0.0005
0
-0.0005
-0.001
0.00089
0.00088
0.00087
0.00086
0.00085
0
100
200
300

续图 2-3

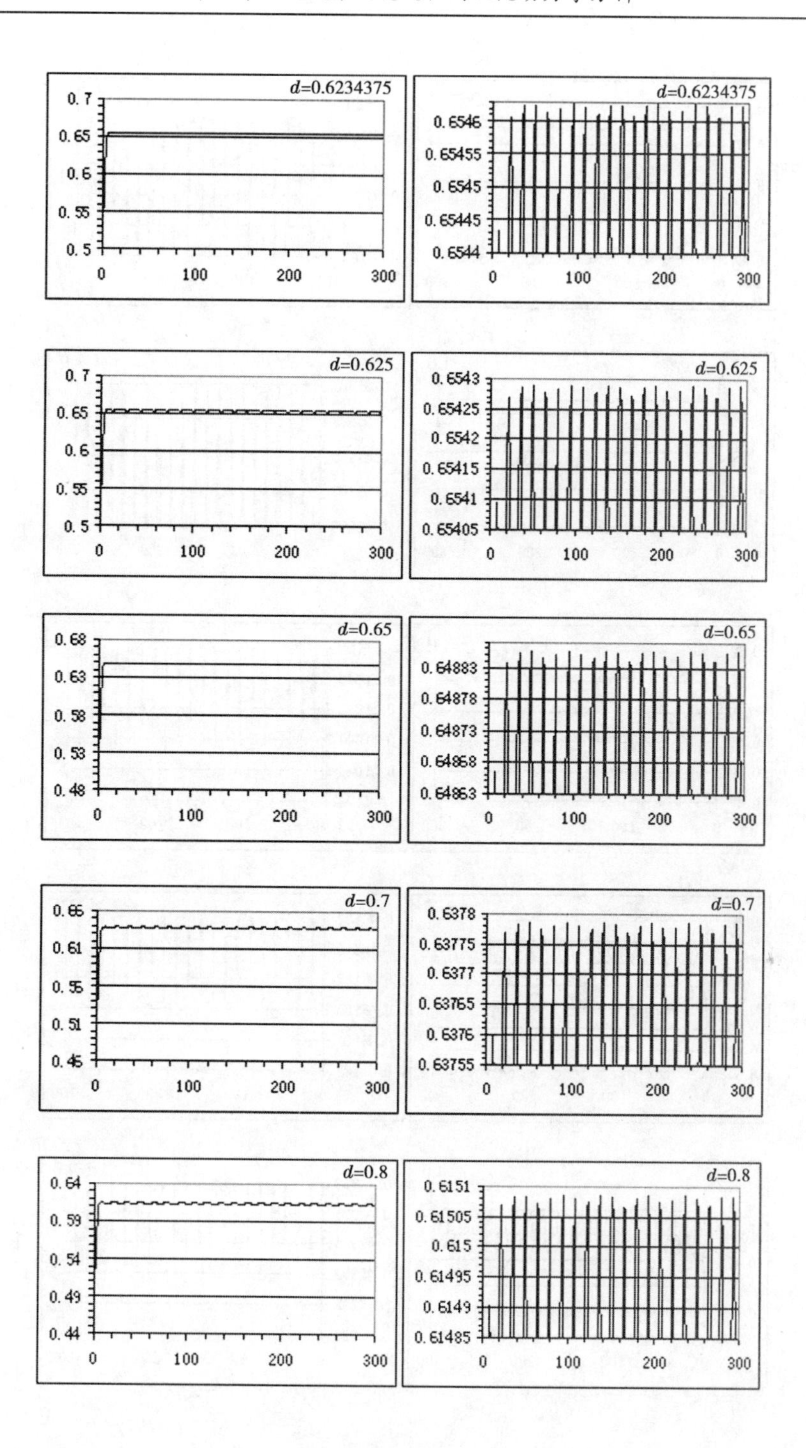
d=0.6234375
0.7
0.65
0.6
0.55
0.5
0
100
200
300
d=0.6234375
0.6546
0.65455
0.6545
0.65445
0.6544
d=0.625
0.6543
0.65425
0.6542
0.65415
0.6541
0.65405
d=0.65
0.68
0.63
0.58
0.53
0.48
0.64883
0.64878
0.64873
0.64868
0.64863
d=0.7
0.65
0.61
0.55
0.51
0.45
0.6378
0.63775
0.6377
0.63765
0.6376
0.63755
d=0.8
0.64
0.59
0.54
0.49
0.44
0.6151
0.61505
0.615
0.61495
0.6149
0.61485

续图 2-3

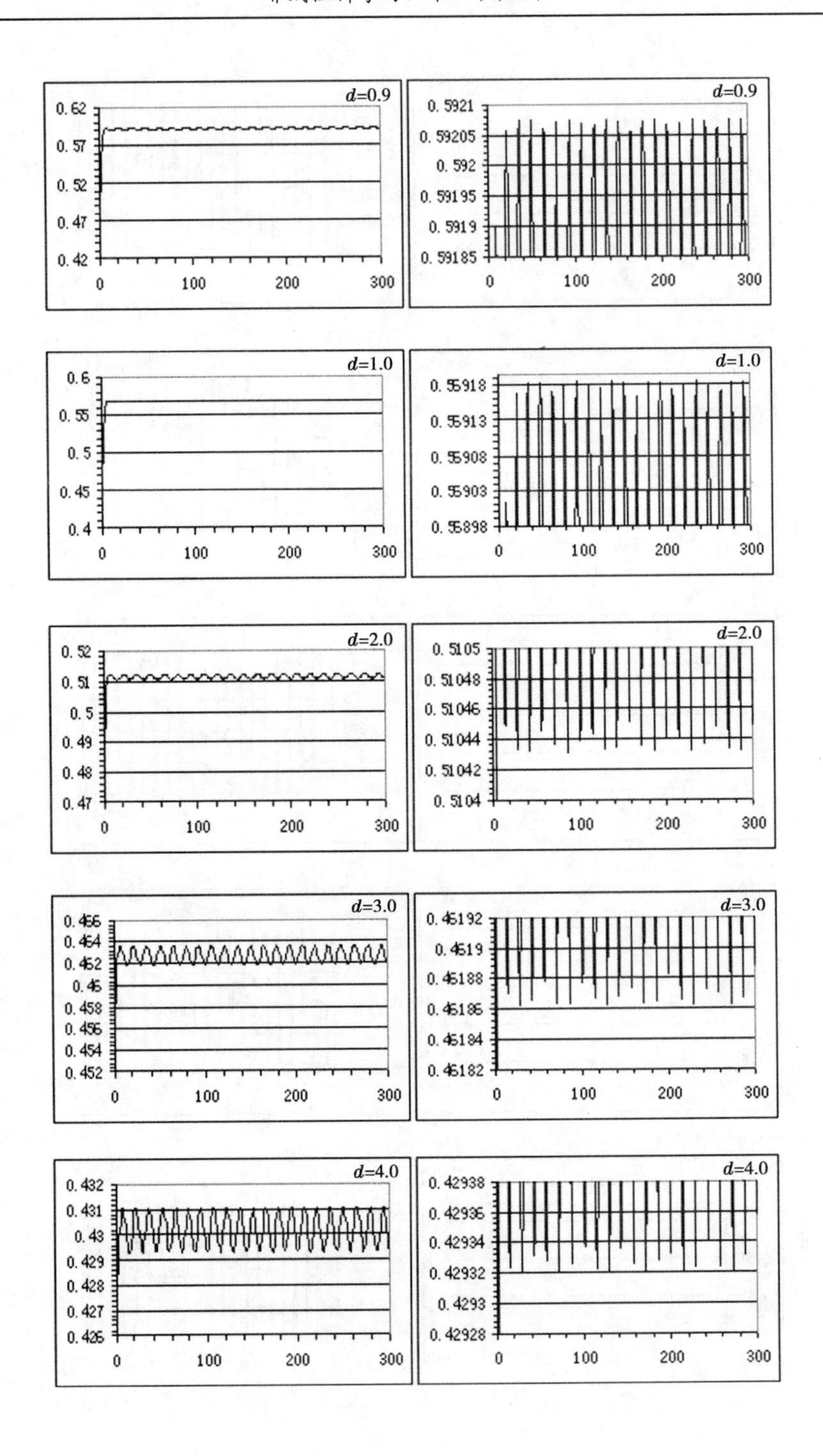
d=0.9
0.62
0.57
0.52
0.47
0.42
0
100
200
300
d=0.9
0.5921
0.59205
0.592
0.59195
0.5919
0.59185
0
100
200
300
d=1.0
0.6
0.55
0.5
0.45
0.4
0
100
200
300
d=1.0
0.55918
0.55913
0.55908
0.55903
0.55898
0
100
200
300
d=2.0
0.52
0.51
0.5
0.49
0.48
0.47
0
100
200
300
d=2.0
0.5105
0.51048
0.51046
0.51044
0.51042
0.5104
0
100
200
300
d=3.0
0.466
0.464
0.462
0.46
0.458
0.456
0.454
0.452
0
100
200
300
d=3.0
0.46192
0.4619
0.46188
0.46186
0.46184
0.46182
0
100
200
300
d=4.0
0.432
0.431
0.43
0.429
0.428
0.427
0.426
0
100
200
300
d=4.0
0.42938
0.42936
0.42934
0.42932
0.4293
0.42928
0
100
200
300

续图 2-3

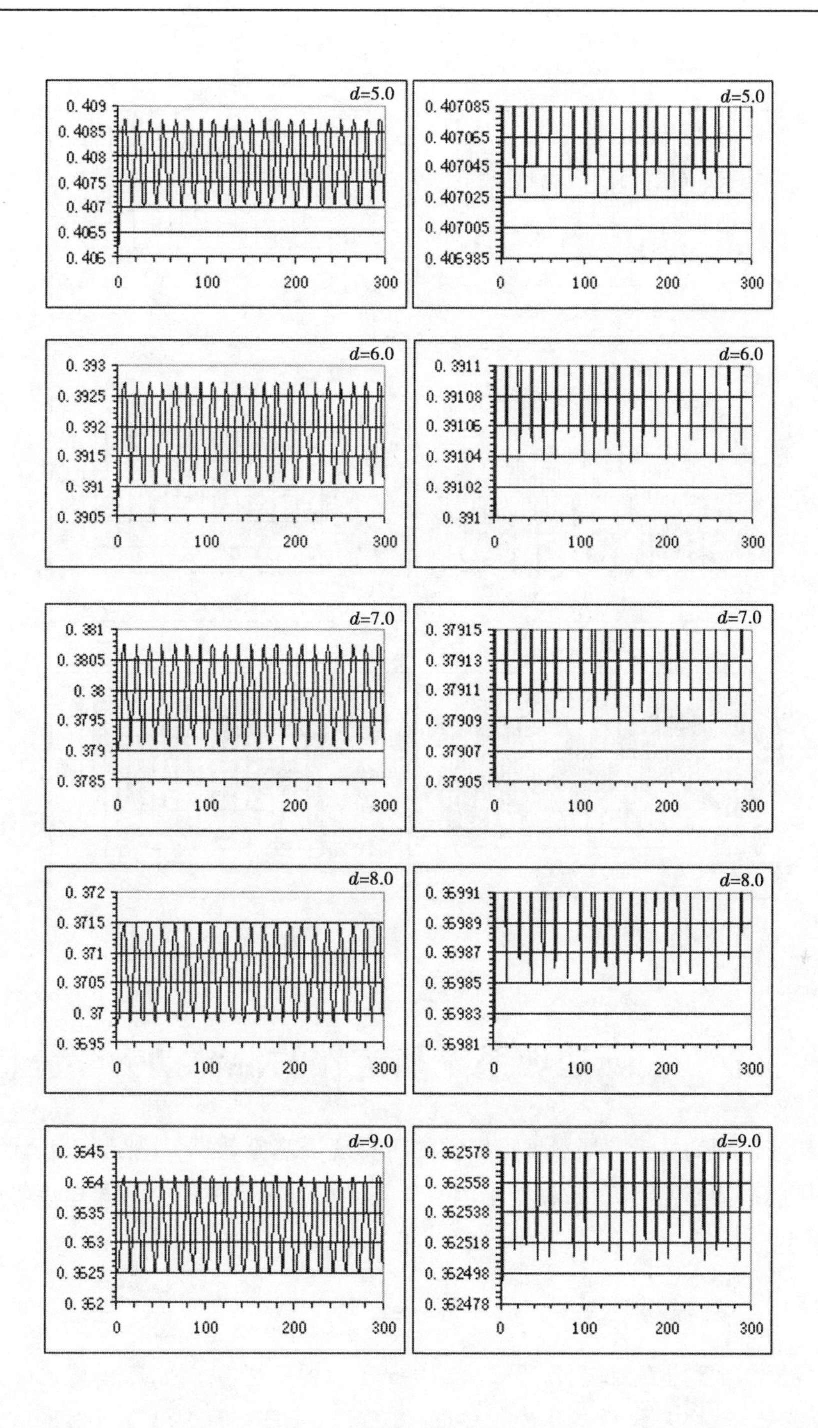
d=5.0
0. 409
0. 4085
0. 408
0. 4075
0. 407
0. 4065
0. 406
0
100
200
300
d=5.0
0. 407085
0. 407065
0. 407045
0. 407025
0. 407005
0. 406985
0
100
200
300
d=6.0
0. 393
0. 3925
0. 392
0. 3915
0. 391
0. 3905
0
100
200
300
d=6.0
0. 3911
0. 39108
0. 39106
0. 39104
0. 39102
0. 391
0
100
200
300
d=7.0
0. 381
0. 3805
0. 38
0. 3795
0. 379
0. 3785
0
100
200
300
d=7.0
0. 37915
0. 37913
0. 37911
0. 37909
0. 37907
0. 37905
0
100
200
300
d=8.0
0. 372
0. 3715
0. 371
0. 3705
0. 37
0. 3695
0
100
200
300
d=8.0
0. 35991
0. 35989
0. 35987
0. 35985
0. 35983
0. 35981
0
100
200
300
d=9.0
0. 3545
0. 354
0. 3535
0. 353
0. 3525
0. 352
0
100
200
300
d=9.0
0. 352578
0. 352558
0. 352538
0. 352518
0. 352498
0. 352478
0
100
200
300

续图 2-3

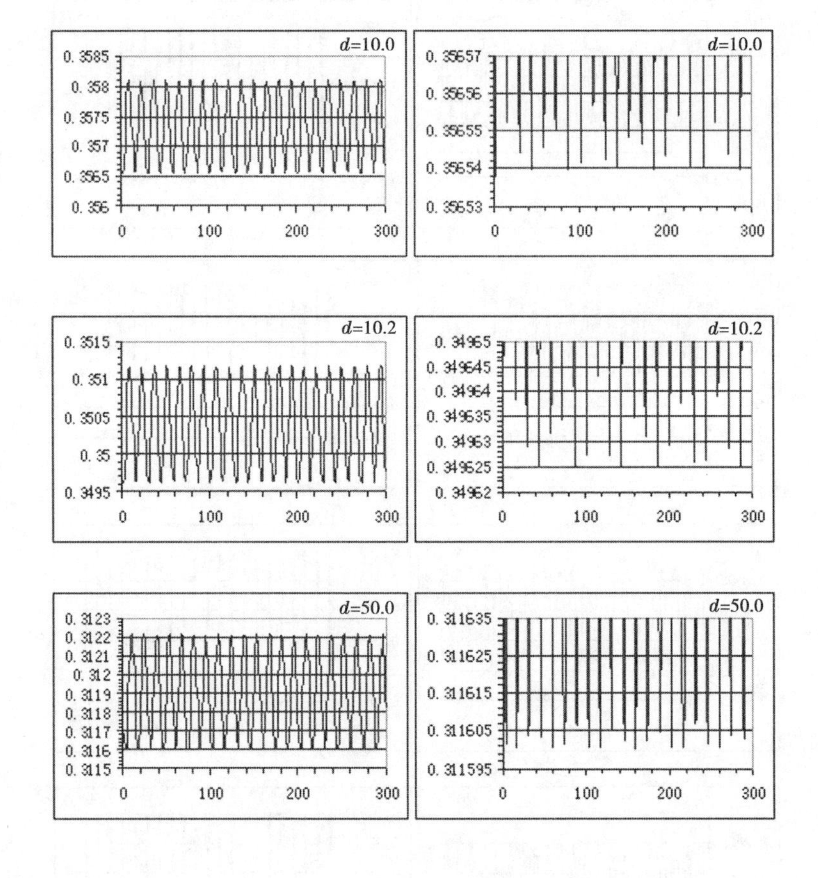

续图 2-3

第三节　实际边坡系统稳定性的混沌动力学分析

本书研究用到的关于顺层滑坡稳定性的所有现场基础数据，均来源于长江水利委员会马水山等的勘测与监测资料，以及中国科学院武汉岩土力学研究所邓建辉等的分析资料。

一、顺层滑坡现场概况

清江隔河岩水利枢纽始建于 1987 年，1993 年大坝下闸蓄水，水库运行水位 160 ~ 200 m，蓄水后库岸边坡的稳定性与水库水位间的关系研究具有重要意义。对库区重点滑坡的勘察与监测显示，茅坪滑坡体具有规模最大和变形大的特点，因而其潜在的突发性滑坡危害最严重。

清江在流经隔河岩水库区时为较典型的走向河，即水库的岸坡一侧逆向、另一侧顺向。茅坪滑坡体位于岸坡的顺向侧，滑坡体岩层倾角 15° ~ 20°，前缘坡度 28° ~ 55°。库岸边坡岩体的上部为厚层块状的坚硬碳酸盐岩组，下部为碎屑岩地层，形成滑坡体下软上硬的岩层结构组成形式。滑坡体的岩体下部广泛发育有层间剪切滑移面，下切的清江河谷满足了滑坡体顺层滑移的临空条件，致使滑动面基本沿滑床方向展布，形成典型的顺层滑坡。茅坪顺层滑坡的地层结构剖面图如图2-4所示。

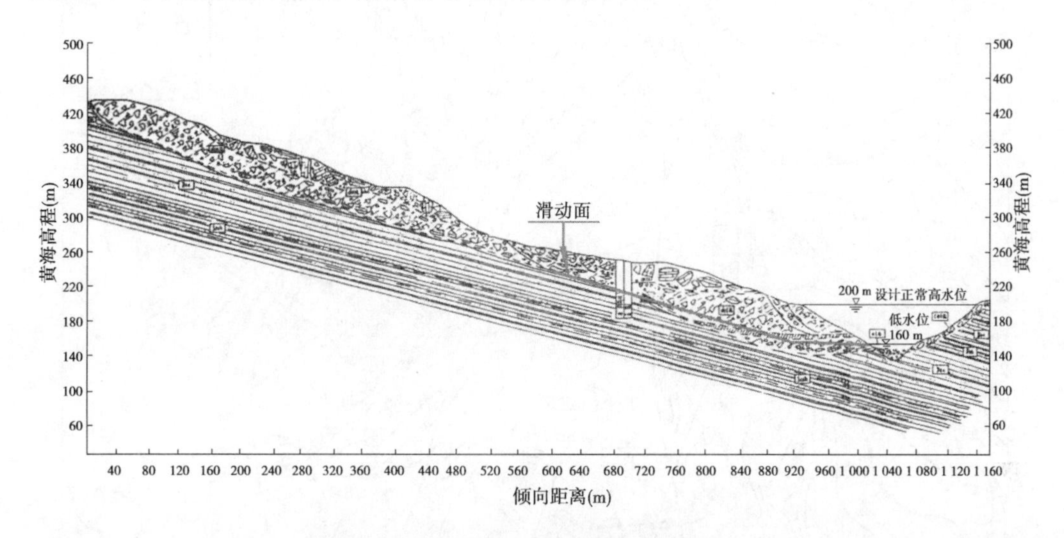

图2-4 茅坪顺层滑坡的地层结构剖面图

茅坪滑坡体平面位置及扫帚状形态如图2-5所示。

茅坪滑坡体前缘是直接受水库水位涨落影响的部位，监测点EJ12（见图2-5）主要用于监测滑坡体前缘的滑动面水平变形，滑坡体前缘滑动面变形速度与水库水位对应关系如图2-6所示。

二、混沌动力学TDS准则应用于顺层滑坡实测数据分析

根据滑动面变形速度曲线的特征，将其划分为7个阶段，对各阶段滑动面变形速度时间序列进行混沌动力学TDS准则分析，得到LE_1—m关系曲线如图2-7所示。

滑动面变形速度曲线被划分为1993年4月至1995年8月、1993年4月至1996年3月、1993年4月至1996年10月、1993年4月至1998年2月、1993年4月至1998年6月、1993年4月至2000年3月、1993年4月至2000年12月31日7个阶段，据各阶段的LE_1—m关系曲线（见图2-7），提取饱和嵌入维数m_c、最大Lyapunov指数LE_1和Kolmogorov熵等混沌指标，见表2-1。

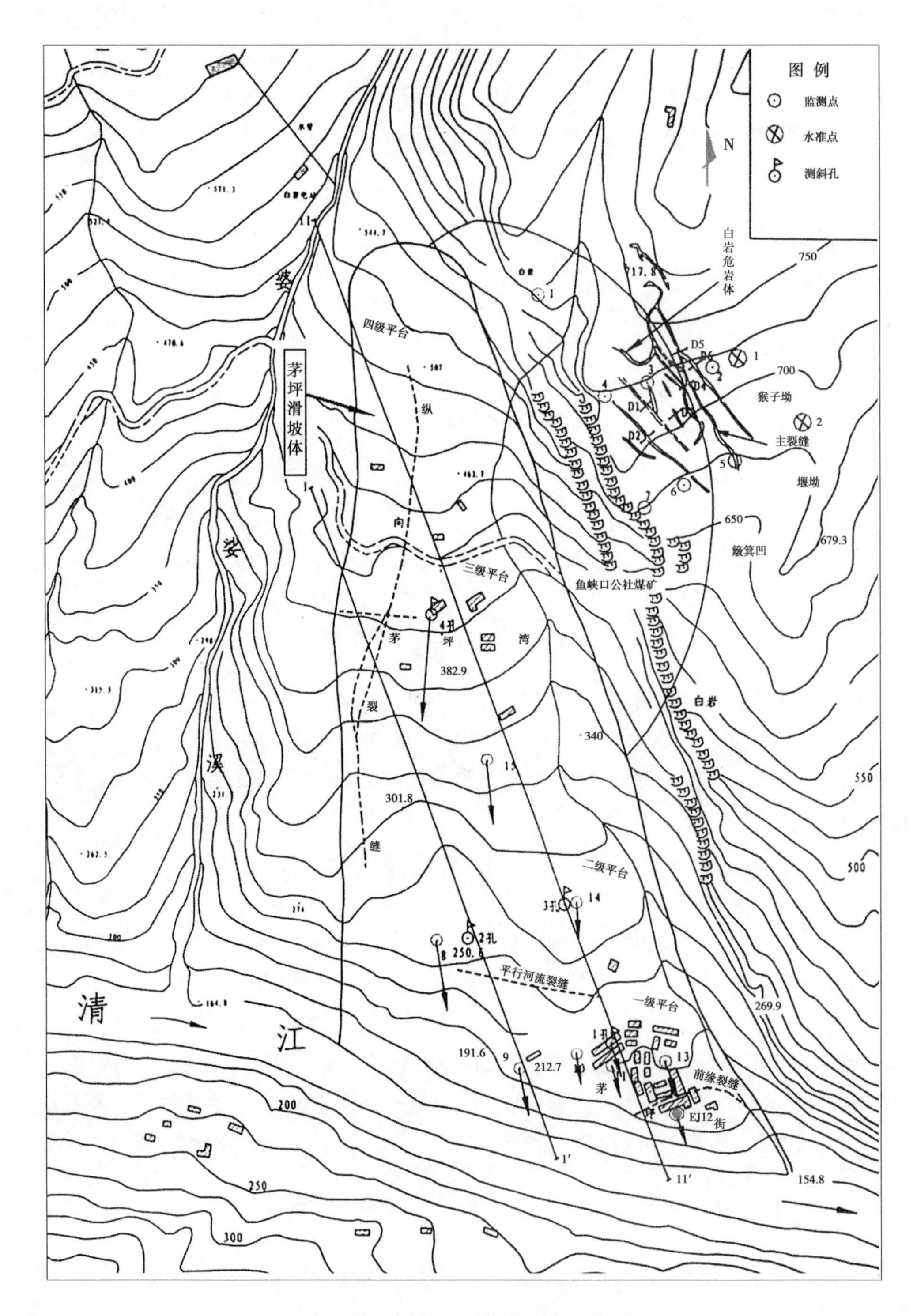

图 2-5　茅坪滑坡体平面位置及扫帚状形态

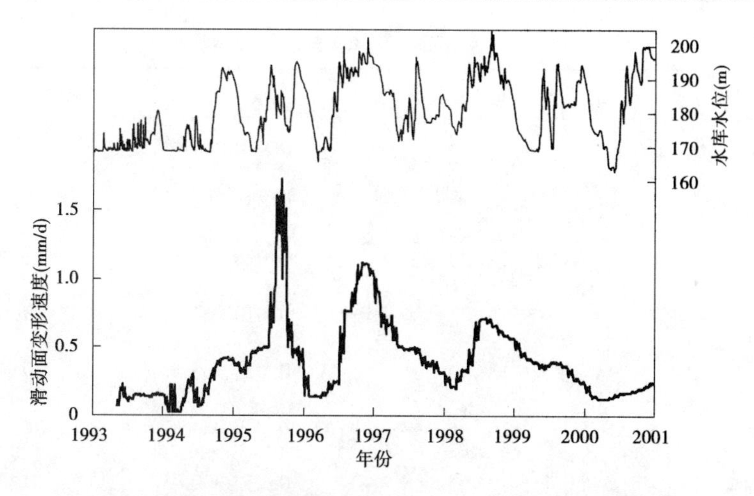

图 2-6　滑坡体前缘滑动面变形速度与水库水位对应关系

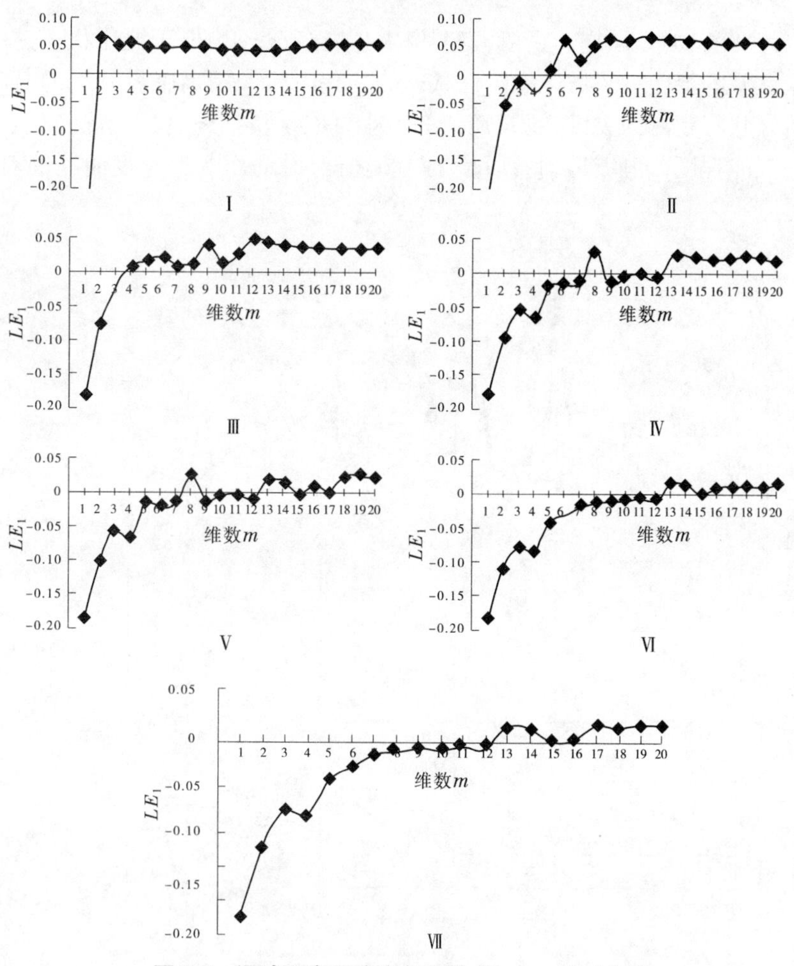

图 2-7　滑动面变形速度各阶段 LE_1—m 关系曲线

表 2-1　滑动面变形速度各阶段混沌指标

阶段	m_c	LE_1	K
Ⅰ	16	0.050 005	2.661 355
Ⅱ	16	0.055 754	4.448 563
Ⅲ	15	0.036 664	6.275 981
Ⅳ	15	0.020 064	7.817 659
Ⅴ	18	0.025 966	7.437 556
Ⅵ	16	0.009 024	0.475 918
Ⅶ	17	0.013 399	1.078 869

可见,各个阶段的 LE_1 均为正值,表明滑坡体在各阶段均处于混沌状态,一直孕育着滑坡体稳定性质的突变。滑坡体稳定性状态的变化时机及距离临界状态的时间,是滑坡稳定性评价及状态预测的关键,而 K 熵值的大小可以定量描述已处于混沌状态的滑坡运动各阶段的混沌程度。滑坡运动各阶段的 K 熵值与滑动面变形速度曲线的对应关系如图 2-8 所示。

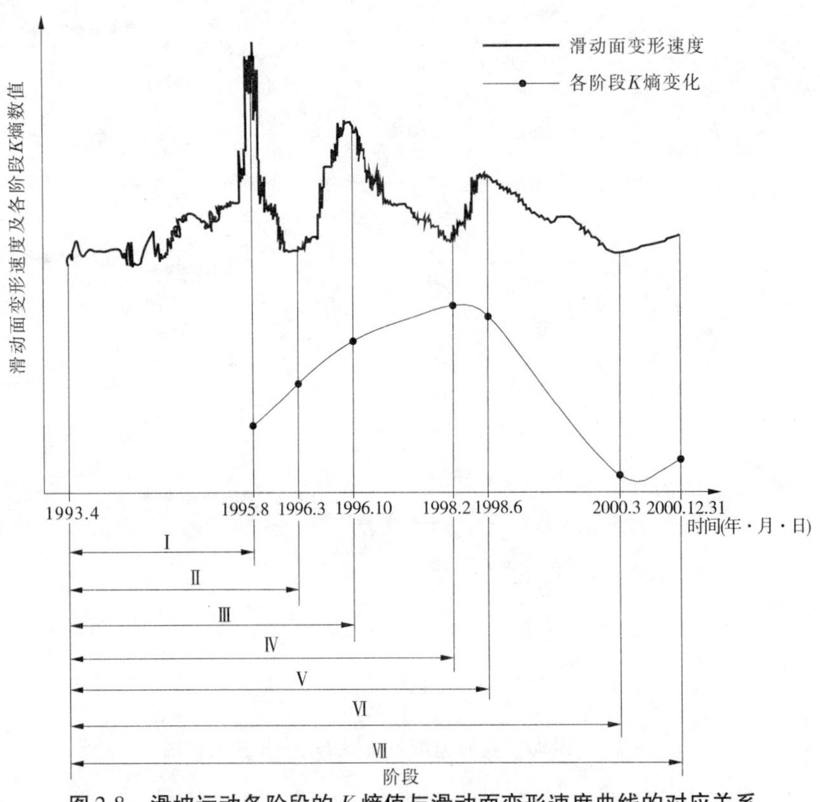

图 2-8　滑坡运动各阶段的 K 熵值与滑动面变形速度曲线的对应关系

虽然滑动面变形速度在1995年8月之后整体呈波浪递减趋势，但对应的K熵值却逐波递增直至1998年6月，表明该状态的继续发展有可能导致大规模滑坡运动的发生，这一时间是预测滑坡体稳定性状态改变的时机。幸运的是，之后的K熵值迅速降低到2000年3月的最低值（仍保持正值），并随后产生了微小增幅，滑坡系统的混沌运动程度又逐渐提高。

单纯从水库水位与滑动面变形速度的对应关系出发，可以简单地得到水库水位的上涨将导致滑动面变形加速的结论，但水库水位的上涨方式对滑坡稳定的影响及滑动面变形速度大小与滑坡体稳定性程度之间的关系研究更为重要。通过混沌动力学分析表明，水库水位与滑动面变形速度的上述对应关系并不是绝对的：1998年6月以后，即使水库水位仍有较大范围的升降，滑动面的变形速度也呈明显的单边下行趋势，对应阶段的K熵值也急速减小；1995年8月至1998年6月的水库水位有涨落，但滑动面变形速度逐波递减，对应阶段的K熵值逐波递增。结合水库水位的变化曲线进行分析，表明持续上升的高水位是控制滑坡体稳定性的主导因素，瞬时高水位的作用不明显。同时，滑动面变形速度用于预测滑坡运动并不全面，因为促使滑坡体运动和抵抗滑坡体下滑两类因素的竞争不能通过变形速度完全反映出来。K熵值定量描述了滑坡系统在不同阶段的能量变化，若抵抗滑坡体下滑的因素占据主导地位，滑坡体的滑动能量将被消耗，则K熵值降低，滑坡系统运动进入相对较稳定的蠕动变形阶段。由滑动面变形速度与K熵值的对应关系曲线可见，滑动面变形加速度与各阶段K熵值具有较一致的变化规律，证明从滑坡体的能量角度分析与预测滑坡运动状态是可行的。从滑坡运动各阶段水库水位、滑动面变形速度与K熵值的对应关系可以看出，2000年5～12月的水库水位由162 m上升到近200 m，明显不同于前面的两次持续高水位，而仅仅是达到了瞬时高水位，致使滑动面变形（加）速度及该阶段系统的K熵值增幅微小，滑坡体不会复活。同时，表明水库水位的上涨方式对滑坡体稳定性具有重要影响，水库水位仅仅是一定条件下滑坡体再度复活的主要诱发因素之一。

通过对监测资料的全面分析，得出了水库水位对滑坡体稳定性影响的定性结论，即“水库水位波动的影响范围主要集中在滑坡体前缘，水库蓄水进一步恶化了滑坡体前缘的稳定性”。基于设置于滑坡体前缘的EJ12监测点，本书对监测的滑动面变形速度时间序列进行的混沌动力学研究成果，不仅验证了上述定性结论，而且更加明确了水库水位、滑动面变形（加）速度与各阶段K熵值之间的关系，更加细致地分析了水库蓄水对滑坡体稳定性的恶化方式、恶化程度及其可预测性等问题。

第三章　岩石裂纹尖端扩展状态的混沌特征

第一节　非线性动力学方法适于探讨裂纹尖端的扩展状态

一、传统方法难以解决裂纹尖端扩展状态不明晰的问题

由于经典力学对岩石裂纹尖端的扩展状态分析不够,所以采用了断裂损伤力学理论对其进行更为有效的分析。随着工业技术的发展,近代工程结构材料的强度和工作应力水平不断提高,结构本身及其工作条件日趋复杂,如何确保重要结构的安全性,如核压力容器、天然气管道、船舶、飞机结构等的安全,已经成为社会普遍关注的重大问题。而在这些结构中,结构构件的动态断裂及其引发的后续破坏是对重大工程结构的安全最具威胁性的失效形式,往往由此引发灾难性的事故。我国也曾多次发生过输送管线在使用或试压过程中破裂的情形。一般而言,承受动载作用的裂纹,一旦发生失稳,则将快速扩展,疲劳裂纹扩展在后期也会出现快速裂纹扩展,并使结构彻底破坏。由于裂纹快速扩展发生的时间短,且传播距离长,因而造成的破坏通常是灾难性的。因此,科学地处理材料或工程结构的动态断裂问题,研究控制裂纹扩展的因素,并为可能的止裂打下基础,已是近代工程技术人员面临的待解决的重大课题之一。因此,动态扩展裂纹作为断裂力学的重要内容之一,通过建立该类型的扩展裂纹尖端统一奇异场,可为确定裂纹尖端的应力和应变场提供一种可行方法,对研究断裂力学中裂纹的扩展具有重要的理论和现实意义。

岩石在压剪应力作用下,节理裂隙随着外荷载的增加而经历压紧和摩擦滑动两个阶段,并由此而产生翼裂纹,荷载进一步增加,将导致相邻裂纹间贯通,从而形成较大的破坏区域,大量的试验和研究成果表明,压剪应力场中裂纹将沿最大拉应力方向扩展。因此,开展压缩状态下裂纹扩展的试验与数值研究具有重要的理论和工程意义。

二、三维数值方法适宜研究裂纹尖端扩展状态问题

迄今为止,人们对裂尖变形已进行了大量的研究,并取得了相当的成就,但由于受到理论分析、试验手段的限制和计算上的简化,这些研究大多是将裂尖变形假设为二维变形进行的,有的虽然考虑了三维特征,但只是对宏观现象进行了研究,没有深入到细观尺度。裂纹尖端的变形在本质上是三维的,特别是当塑性变形很明显的时候。在细观尺度范围内,裂尖附近的变形更是明显表现为三维特征。因此,从本质上理解材料变形、破坏的规律,必须在细观尺度上对裂纹尖端三维变形进行研究。这样才能准确、真实地揭示材料的变形行为,由此得出的结论才是比较符合客观实际的。

三、非线性动力学方法可尝试用于探讨裂纹尖端的扩展问题

运用非线性动力学方法对裂尖扩展状态进行探讨是一个新的尝试，对于断裂损伤力学的发展和研究都很有帮助。岩石受载后的宏观断裂失稳和破坏与其变形时内部微裂隙的分布以及微裂纹的产生、扩展和聚集密切相关。由于岩石是一种十分复杂的地质材料，其复杂性、模糊性、非线性和不确定性使得传统的力学方法难以很好地应用。岩石的损伤断裂与破坏是一类非平衡、非线性的动态演化过程，并且其破坏结果对初始损伤及结构分布具有敏感依赖性。因此，对于岩石力学与工程这样高度非线性的复杂系统，要对它的力学行为进行预测和控制，必须借助现代非线性科学，进行思维变革和科学更新，建立适合于岩石力学与工程特点的岩石非线性动力系统理论，作为21世纪岩石力学理论发展的突破口。根据单向应力状态下岩石微观断裂过程的试验研究结果，采用非线性科学的混沌理论对岩石微观断裂过程及微裂纹演化中的非线性动力学特征进行一些探索性的研究。

做好系统的分析工作是利用好系统的前提。对于线性系统，由于其种类单调、性质简单，可以建立确定的线性模型，因此可以对其进行比较透彻的分析。而对于非线性系统，由于其复杂的稳定性、对初始条件的极端敏感性、不满足叠加原理及易产生锁频和分频现象等，人们对它的研究远没有对线性系统透彻。对混沌学研究的不断深入，也为人们进一步研究非线性系统中的混沌现象提供了有效方法，即混沌分析方法。混沌分析方法主要分为两类——定性分析和定量分析。在大多数情况下，对于非线性动力系统，无法得到它精确解的解析表达式，所以需要用定性分析近似求解系统的状态，但近似解是否收敛于真实解，能否真实反映系统的状态却难以证明。所幸的是，人们能通过数值计算对系统进行定量分析，从而弥补了定性分析的不足。

四、采用的力学模型

主要分析图3-1中裂纹尖端的扩展状态，构造理想弹塑性力学模型，对该模型进行经典力学分析和非线性动力学研究。

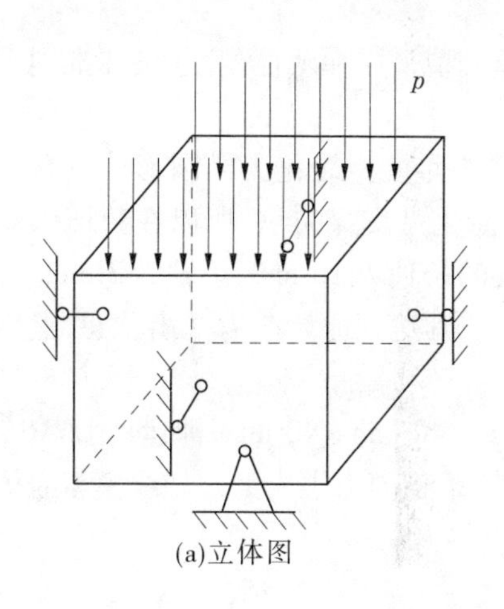

(a)立体图

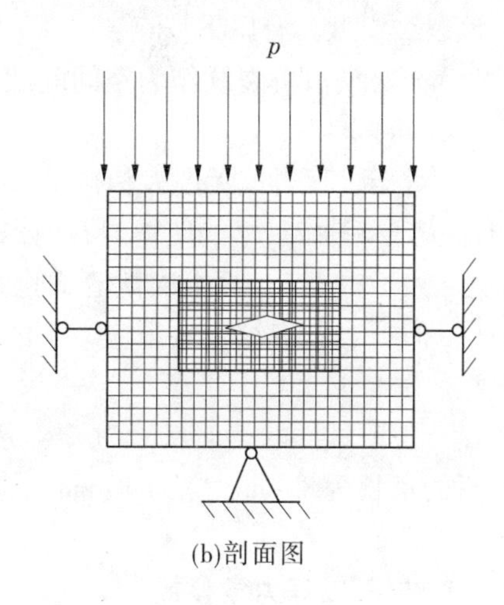

(b)剖面图

图3-1　岩石裂纹尖端扩展状态的力学研究模型

图 3-1(a)是岩石试样四周铰接,底部固定,上表面承受均布载荷 p 的一个立体图;图 3-1(b)是一个剖面图,是该试样的一个垂直切面,对其进行了网格划分。

第二节　岩石裂纹尖端扩展状态的数值模拟分析

一、数值模拟模型建立

(一)几何模型的建立

在对裂纹模型的建模过程中,选择了在垂直于 XOY 平面做切面均为椭圆形具有裂尖的裂纹模型。裂纹尺寸和整个模型尺寸的选择基于以下四点:

(1)在岩石力学试验中,利用含裂纹的岩石试件在单轴压缩情况下研究裂纹扩展等问题时,试件的边界效应对内部应力场的影响问题不容忽视。

(2)考虑到模拟的边界效应,在模拟过程中可根据圣维南原理,岩体的局部开挖仅仅对一定的有限范围有明显的影响,在距开挖部位较远的区域,其应力变化的影响可忽略,即模型应具有足够大的尺寸。对本书研究的这一具体问题,要使边界效应对裂纹尖端附近应力场的影响降到最小,试件的宽度取 20 mm 以上比较合适,即试件的临界尺寸为 80 mm×40 mm×40 mm,临界尺寸的长高比为 80/40 = 2。

(3)为了更好地用试验方法研究有孔洞岩石的破裂及其位移场和应力场,可以首先用有限元方法确定一个比较合适的试件尺寸,使得试件的边界效应对应力场的影响降低到最小。

(4)在用有限元法数值模拟断层错动、裂纹扩展等问题时,也可以采用这种方法来确定力学模型的求解区域大小。尖端处存在应力集中,在这些节点上要达到较高的计算精度,必须把网格划分得足够密,但这会大大增加计算量。本书在二者之间进行折中处理,尽可能地加密网格,使所有模型的误差从整体上减小,以研究不同模型之间的相对差别,从而得到较可靠的结论。

该裂纹模型具有以下特点:

(1)本次模拟将裂纹作为空间问题来考虑,物理模型采用弹塑性模型,破坏准则采用 Mohr－Coulomb 准则。

(2)对于工程岩体无限大板内的穿透裂纹,裂纹几何模型简化为椭圆形。只有长轴 $2a$ 明显大于短轴 $2c$,才能使得岩石内深埋裂纹可以简化为贯穿裂纹,所以在数值试验中 a/c 应该大于等于 5。而本次数值试验的椭圆形裂纹的长轴为 16 mm,短轴为 3 mm。

(3)模拟岩石裂纹在自重应力下的静力稳定性,使其达到原始应力平衡状态,然后进行开挖。

设计截取试件的几何尺寸为长×宽×高 = 80 mm×40 mm×40 mm,即运用 $FLAC^{3D}$ 模拟分析的是长为 80 mm、宽为 40 mm、高为 40 mm 的三维物理力学模型。裂纹模型立体图如图 3-2 所示。

(二)岩石物理力学参数

数值模拟的岩石试块是从山东里能里彦矿业有限公司 15 煤层上煤顶板截取下来的

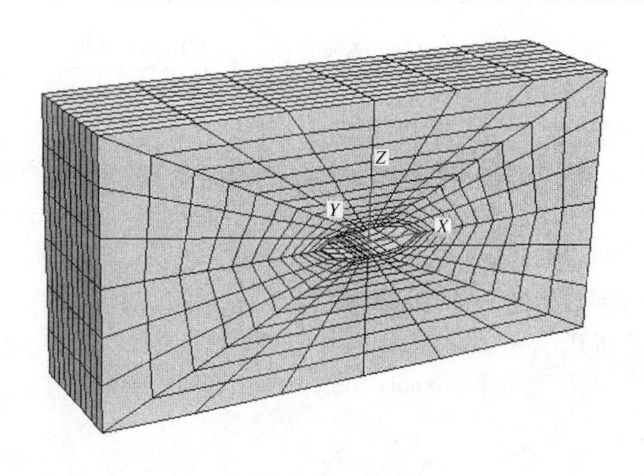

图 3-2　裂纹模型立体图

粉砂岩块状体,结合岩石力学性质试验结果,选取模型材料的物理力学参数如表 3-1 所示。

表 3-1　模拟岩石材料岩性指标

岩体	容重 γ (kg/m^3)	剪切模量 S (MPa)	体积模量 G (MPa)	黏结强度 C (MPa)	剪胀角 d (°)	内摩擦角 φ (°)
粉砂岩	2 400	1 560	2 700	6.88	10	28.52

(三)边界条件

模型四周边界均固定水平位移,底部边界固定,顶部边界施加均匀载荷,载荷是施加到 Z 轴方向的垂直应力。数值计算模型包含 6 个边界,上边界没有约束,由于模型的规模所限,以均匀载荷方式对模型上边界施加 1 ~ 30 MPa 的压应力;模型的左右和前后边界条件是限制水平位移、允许垂直位移;模型下边界既限制水平位移,又限制垂直位移。因此,整个模型在计算过程中不会产生漂移现象。

二、模拟结果分析

对于模型顶端分别施以 1 MPa、5 MPa、10 MPa、15 MPa、20 MPa、30 MPa 压应力,根据压应力的不同做出了 6 个模型。对于这 6 个模型分别进行数值模拟分析,得到裂纹尖端塑性区状态、应力与位移的分布规律。统计裂纹尖端点垂直应力和水平应力等时间序列,以应用于裂纹尖端扩展状态的混沌动力学分析与研究。

第三节　裂纹尖端扩展状态的混沌动力学分析

一、定性判断系统的混沌状态

通过受压状态下岩石裂尖扩展状态的三维有限元模拟,得到裂纹尖端点(0.8,0,0.1)

的应力、塑性区、垂直位移、速度矢量、位移矢量等指标的时间序列，时间序列的长度是计算时步长的1/10。为从应力等指标的时间序列中提取最大 Lyapunov 指数 LE_1，选取的时间延迟 $\tau=2$；相空间维数 m 从1到12变化；在1 MPa 压应力作用下，时序长度 $NPT=515$；在5 MPa 时，$NPT=772$；10 MPa 时，$NPT=954$；15 MPa 时，$NPT=934$；20 MPa 时，$NPT=928$；30 MPa 时，$NPT=918$。步长 ELOV = 2，时间序列的间隔 $DT=2$，探测吸引子的长度 SCALMX = 1，噪声长度 SCALMN = 1。

（一）裂尖处水平应力的 Lyapunov 指数

根据数值模拟得到在不同压应力作用下6种模型的裂纹右侧尖端点（0.8，0，0.1）水平应力的时间序列，从中提取 Lyapunov 指数，其随相空间的维数变化，如图3-3所示。

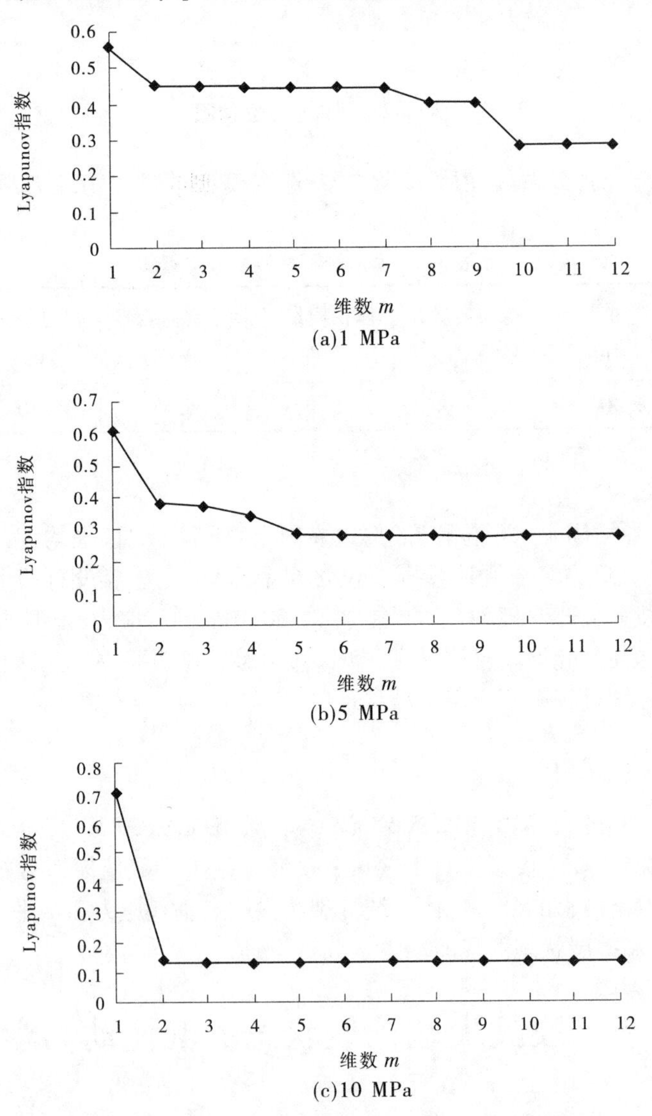

图3-3　裂尖处水平应力的 Lyapunov 指数随维数变化曲线

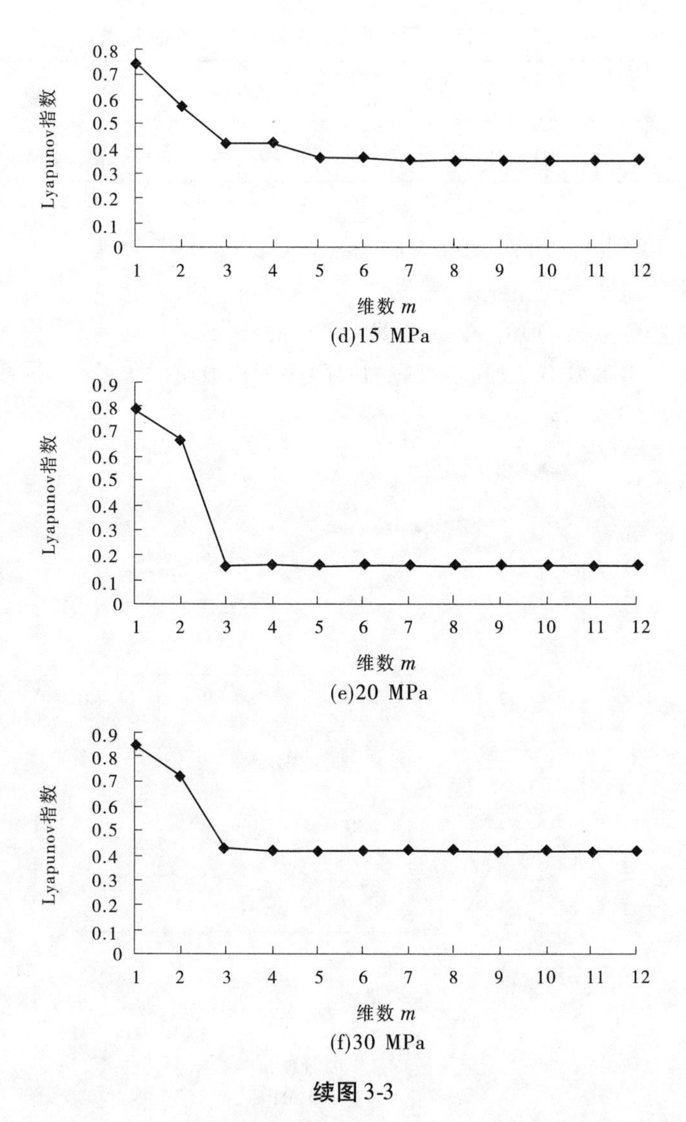

(d)15 MPa

(e)20 MPa

(f)30 MPa

续图 3-3

从图 3-3 中可以找出每个压应力作用下 Lyapunov 指数变化趋于稳定的点,得到如下结论:

(1)Lyapunov 指数随着相空间维数的变大而减小,数值逐渐趋于稳定。

(2)Lyapunov 指数变化趋于稳定的相空间维数,即饱和嵌入维数 m_c 为:

1 MPa 压应力作用下,$m_c=10$;

5 MPa 压应力作用下,$m_c=5$;

10 MPa 压应力作用下,$m_c=2$;

15 MPa 压应力作用下,$m_c=5$;

20 MPa 压应力作用下,$m_c=3$;

30 MPa 压应力作用下,$m_c=3$。

饱和嵌入维数对应的 Lyapunov 指数就是最大 Lyapunov 指数,其数值如表 3-2 所示。

表 3-2　不同压应力下水平应力的最大 Lyapunov 指数值

压应力(MPa)	1	5	10	15	20	30
最大 Lyapunov 指数	0.277 851	0.280 632	0.136 116	0.357 871	0.156 830	0.429 120

(3) 从表 3-2 可以看出，在 30 MPa，最大 Lyapunov 指数最大；10 MPa 时，最大 Lyapunov 指数最小，但均为正值。

(二) 裂尖处垂直应力的 Lyapunov 指数

由裂纹尖端点(0.8,0,0.1)的垂直应力时间序列提取出的 Lyapunov 指数随相空间维数变化的规律，如图 3-4 所示。

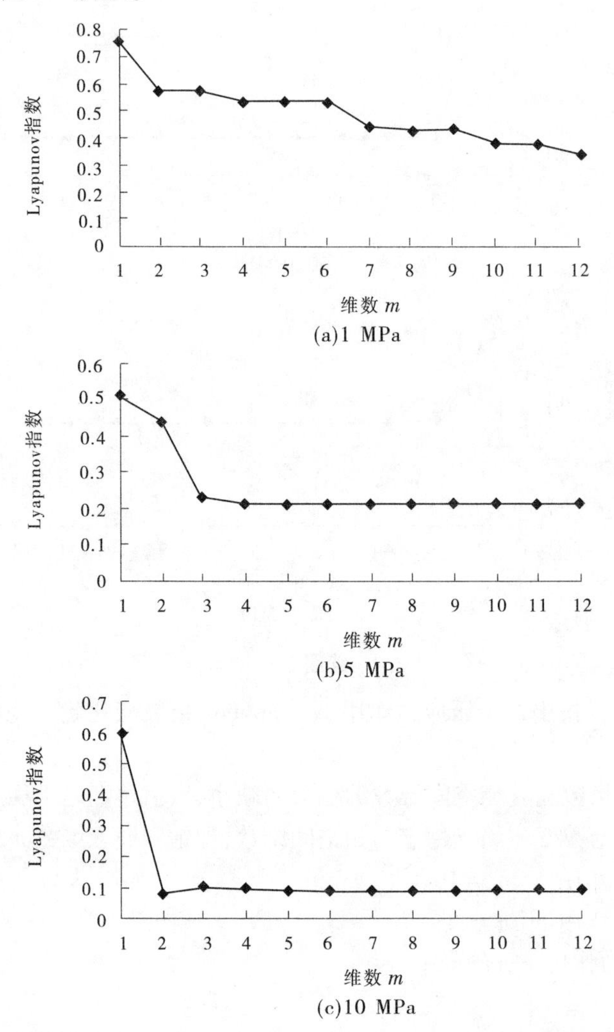

图 3-4　裂尖处垂直应力的 Lyapunov 指数随维数变化曲线

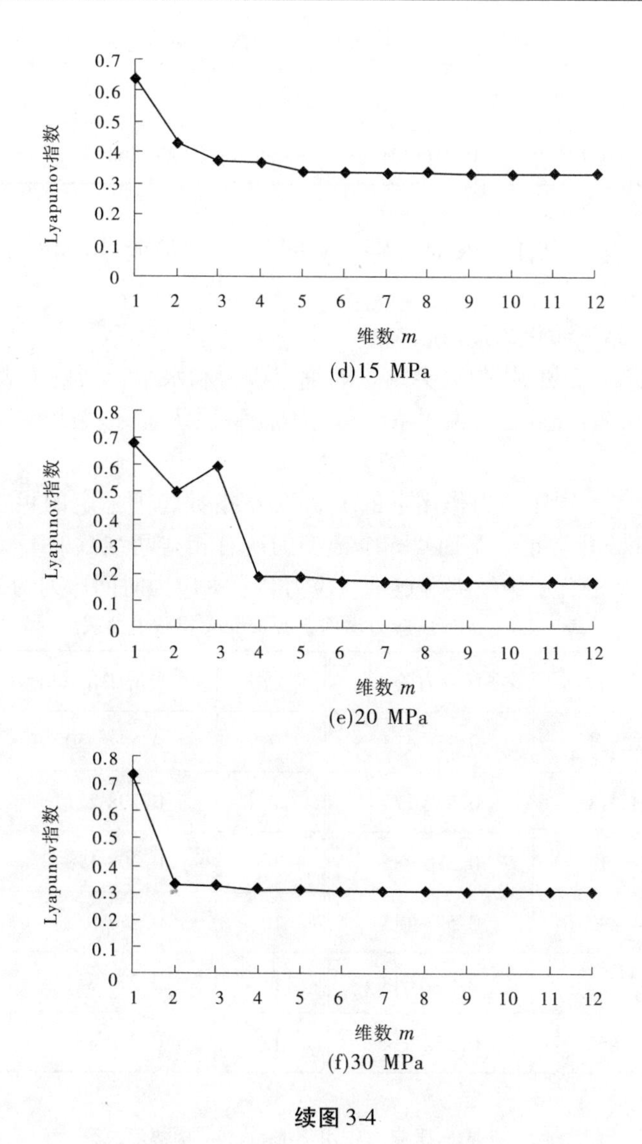

续图 3-4

从图 3-4 可以找出每个压应力作用下 Lyapunov 指数变化趋于稳定的点，得到最大 Lyapunov 指数，可以得出如下结论：

（1）Lyapunov 指数随着相空间维数的变大而减小，数值逐渐趋于稳定。

（2）Lyapunov 指数变化趋于稳定的相空间维数，即饱和嵌入维数 m_c 为：

1 MPa 压应力作用下，$m_c=7$；

5 MPa 压应力作用下，$m_c=4$；

10 MPa 压应力作用下，$m_c=3$；

15 MPa 压应力作用下，$m_c=5$；

20 MPa 压应力作用下，$m_c=4$；

30 MPa 压应力作用下，$m_c=2$。

饱和嵌入维数对应的 Lyapunov 指数就是最大 Lyapunov 指数，其数值如表 3-3 所示。

表 3-3　不同压应力下垂直应力的最大 Lyapunov 指数值

压应力(MPa)	1	5	10	15	20	30
最大 Lyapunov 指数	0.435 261	0.216 201	0.096 351	0.336 864	0.183 770	0.325 733

(3)从表 3-3 可以看出,1 MPa 时,最大 Lyapunov 指数最大;10 MPa 时,最大Lyapunov 指数最小,但均为正值。

(三)裂尖应力系统演化的混沌状态

通过表 3-2 和表 3-3 可见,裂纹尖端点的垂直应力和水平应力的最大 Lyapunov 指数均为正值,则表示相邻轨道发散,说明系统具有混沌特性状态,即裂纹尖端的应力系统是混沌的。

前述内容讨论了不同压应力作用下的 Lyapunov 指数趋于稳定的相空间的维数和其对应的最大 Lyapunov 指数值。下面对 6 个模型的所有相空间维数的 Lyapunov 指数做了汇总,表 3-4 ~ 表 3-9 汇总了裂纹尖端点垂直应力和水平应力时间序列的 Lyapunov 指数。

表 3-4　1 MPa 压应力作用下 Lyapunov 指数汇总表

维数 m	水平应力的 LE_1	垂直应力的 LE_1	维数 m	水平应力的 LE_1	垂直应力的 LE_1
1	0.556 874	0.758 474	7	0.442 050	0.435 261
2	0.451 318	0.572 179	8	0.398 221	0.426 921
3	0.448 712	0.570 335	9	0.398 118	0.434 818
4	0.444 493	0.533 183	10	0.277 851	0.379 444
5	0.443 821	0.532 648	11	0.277 851	0.371 893
6	0.443 655	0.532 514	12	0.277 851	0.337 007

表 3-5　5 MPa 压应力作用下 Lyapunov 指数汇总表

维数 m	水平应力的 LE_1	垂直应力的 LE_1	维数 m	水平应力的 LE_1	垂直应力的 LE_1
1	0.610 137	0.506 438	7	0.275 370	0.212 964
2	0.380 680	0.440 117	8	0.275 370	0.212 944
3	0.368 622	0.234 703	9	0.273 090	0.212 924
4	0.344 120	0.216 201	10	0.274 937	0.212 904
5	0.280 632	0.213 912	11	0.274 941	0.212 875
6	0.275 810	0.213 188	12	0.274 503	0.212 884

表 3-6　10 MPa 压应力作用下 Lyapunov 指数汇总表

维数 m	水平应力的 LE_1	垂直应力的 LE_1	维数 m	水平应力的 LE_1	垂直应力的 LE_1
1	0.700 520	0.595 667	7	0.128 559	0.089 297
2	0.136 116	0.073 306	8	0.128 544	0.089 288
3	0.130 524	0.096 351	9	0.128 540	0.089 293
4	0.129 406	0.090 616	10	0.128 540	0.089 293
5	0.128 687	0.089 355	11	0.128 540	0.089 290
6	0.128 653	0.089 315	12	0.128 540	0.089 289

表 3-7　15 MPa 压应力作用下 Lyapunov 指数汇总表

维数 m	水平应力的 LE_1	垂直应力的 LE_1	维数 m	水平应力的 LE_1	垂直应力的 LE_1
1	0.742 325	0.634 088	7	0.348 772	0.336 494
2	0.571 355	0.427 879	8	0.348 148	0.335 127
3	0.416 079	0.375 100	9	0.347 966	0.333 523
4	0.418 267	0.368 351	10	0.347 972	0.333 523
5	0.357 871	0.336 864	11	0.347 927	0.333 523
6	0.357 861	0.336 242	12	0.347 933	0.333 523

表 3-8　20 MPa 压应力作用下 Lyapunov 指数汇总表

维数 m	水平应力的 LE_1	垂直应力的 LE_1	维数 m	水平应力的 LE_1	垂直应力的 LE_1
1	0.790 112	0.673 249	7	0.154 969	0.168 242
2	0.669 542	0.496 219	8	0.154 960	0.168 313
3	0.156 830	0.594 596	9	0.154 951	0.168 313
4	0.157 303	0.183 770	10	0.154 948	0.168 313
5	0.155 432	0.183 405	11	0.154 948	0.168 313
6	0.154 990	0.172 373	12	0.154 946	0.168 313

表 3-9 30 MPa 压应力作用下 Lyapunov 指数汇总表

维数 m	水平应力的 LE_1	垂直应力的 LE_1	维数 m	水平应力的 LE_1	垂直应力的 LE_1
1	0.857 142	0.730 050	7	0.415 161	0.302 989
2	0.715 468	0.325 733	8	0.415 141	0.303 016
3	0.429 120	0.325 559	9	0.415 136	0.303 016
4	0.418 132	0.309 834	10	0.415 137	0.303 016
5	0.416 225	0.310 260	11	0.410 237	0.303 016
6	0.415 162	0.303 130	12	0.414 392	0.303 016

可以看出,水平应力和垂直应力的所有维数的 Lyapunov 指数都是正的,说明该系统是混沌的,即裂纹尖端的应力状态是混沌的。

Lorenz 认为,只要该系统的某一个量是混沌的,则整个系统处于混沌状态。现在裂纹尖端的垂直应力和水平应力的时间序列都是混沌的,所以也表明裂纹扩展时裂纹尖端的扩展状态是混沌的。

二、定量判断系统的混沌程度

由于 Lyapunov 指数只能定性地判断系统是否是混沌的,所以需要计算 K 熵来定量地评价系统混沌的程度。

提取不同压应力作用下水平应力和垂直应力时间序列的 K 熵值,见表 3-10,并绘制曲线,如图 3-5 所示。

表 3-10 不同压应力作用下 K 熵值汇总表

压应力(MPa)	1	5	10	15	20	30
水平应力的 K 熵	4.860 815	3.908 212	2.125 169	4.952 476	3.013 931	5.736 453
垂直应力的 K 熵	5.884 677	3.102 054	1.570 360	4.484 237	3.313 419	4.122 635

可见 K 熵值越大,信息的损失速率越大,系统的混沌程度越高,说明系统越复杂。表 3-10及图 3-5 显示了同一个规律:在 1 MPa 压应力作用下混沌程度较高,然后混沌程度逐渐降低,到 10 MPa 时达到最低,然后逐步升高,到 30 MPa 时又达到一个高峰。因此,根据混沌程度的高低分为两个阶段:第一阶段是低应力阶段(≤15 MPa),混沌程度较低;第二阶段是相对高应力阶段(>15 MPa),混沌程度较高。这表明岩石裂纹在低应力(≤15 MPa)作用下,裂纹发生了闭合,裂纹尖端混沌程度较低;在相对高应力(>15 MPa)阶段,裂纹尖端的扩展状态越来越复杂,相应的混沌程度提高。

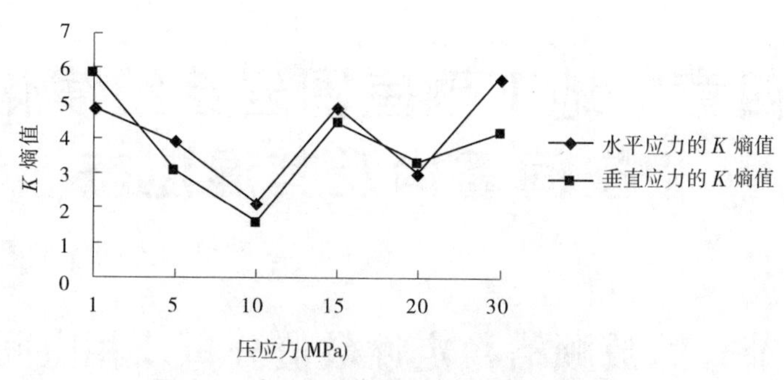

图 3-5　在不同压应力下水平应力与垂直应力的 K 熵值对比

第四章　地下硐室围岩系统演化的相空间重构及其混沌态

第一节　综放顺槽稳定性数值分析及相空间重构

综合机械化放顶煤开采中工作面顺槽的服务期间，围岩应力的演化规律取决于掘巷引起的应力调整和受本区段工作面采动所引起的外部力学环境的变化。根据现有矿山压力学说中的超前应力理论，在巷道服务期间，巷道将受到由于本工作面采动所引起的超前应力，而且该应力将远大于巷道所受的原始地应力。因此，对于顺槽稳定性的分析，主要考虑其受采动影响最大的截面处巷道围岩的破坏情况。所以，选取巷道所受采动影响所引起的最大应力截面建立模型，对不同煤柱尺寸及支护条件下巷道围岩的运动、破坏规律进行离散元法数值模拟分析。

一、数值模拟模型的建立

（一）数值模拟条件

模拟模型的建立以兖矿集团南屯煤矿 $93_上02_上$ 工作面的回采巷道为原型，研究在不同条件下巷道的稳定性特征。

$93_上02_上$ 综放工作面的地质条件为：地面平均标高 +52.94 m，工作面高程 -385 ~ -585 m，平均埋深 538 m。工作面走向长 1 405 m，倾斜长 175 m，煤层倾角 19° ~ 12°，平均 15°。工作面顶板由下往上依次为粉砂质黏土岩、粉砂岩、砂岩等，底板为粉砂岩。由于受上一区段工作面的采动影响，厚度为 5 m 的 $3_上$ 煤层划分为两层，上层为碎裂结构煤体，下层为块裂结构煤体。

模拟中需要用到的体积模量和剪切模量分别由式(4-1)、式(4-2)计算

$$G = \frac{E}{2(1+\nu)} \tag{4-1}$$

$$K = \frac{E}{3(1-2\nu)} \tag{4-2}$$

式中　E——弹性模量；

ν——泊松比。

（二）模型的建立

建立结构模型时应该遵循以下原则：岩体结构模型应尽可能地细致具体，能尽量地模拟现场的实际情况，从而进行准确的数值计算和分析，但是建立模型所需要的参数必须是可以获取的；岩体的模型应尽量地简化抽象，使模型简单、易于计算，结构特征更加突出，但这种简化应以不丧失岩体的结构特征，对所需要模拟的参数没有影响，不忽略相关的主

要因素和对最终的计算结果的误差影响最小为前提。如果模型过于简单,则难以准确地反映实际中岩体的力学参数和变形特征;如果模型过于精确和复杂,则使参数的获取比较困难,虽然能很好地反映岩体的力学行为,但是参数过多会致使计算的误差增大,使得到的结果对分析毫无用处。所以,建立适当的模型是模拟计算的基础。

遵循以上原则,数值模拟的煤岩层范围为:宽×高=100 m×80 m,根据离散元方法的基本思想和现场实际,采用人为设置的节理和裂隙将模型划分为68个块,在煤柱尺寸为3 m时程序自动生成了512个单元,为了正确反映巷道围岩的运动状态,对巷道周边一定范围内的围岩进行了单元加密。模拟的巷道断面为矩形,设计尺寸为4.0 m×3.0 m。模型采用应力边界条件,模型上表面施加均匀的垂直应力,按模型上覆岩体的自重考虑(400 m)。模型下表面垂直速度和水平速度固定,左右两侧的水平速度固定,模型采用摩尔-库仑准则,节理区域接触为弹/塑性。据此建立的数值模拟模型如图4-1所示。

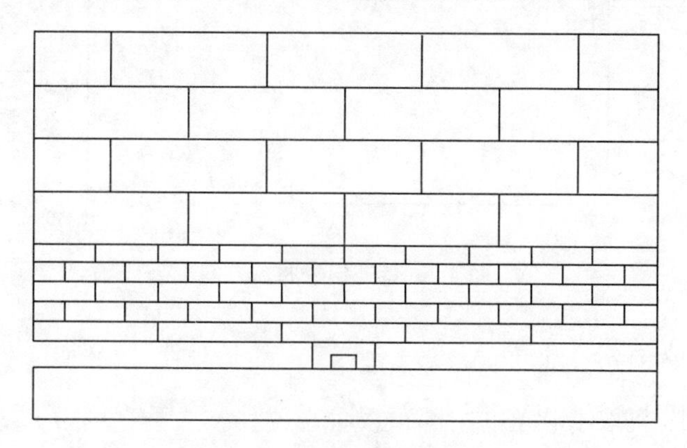

图4-1　数值模拟模型

模型单元划分图如图4-2所示。

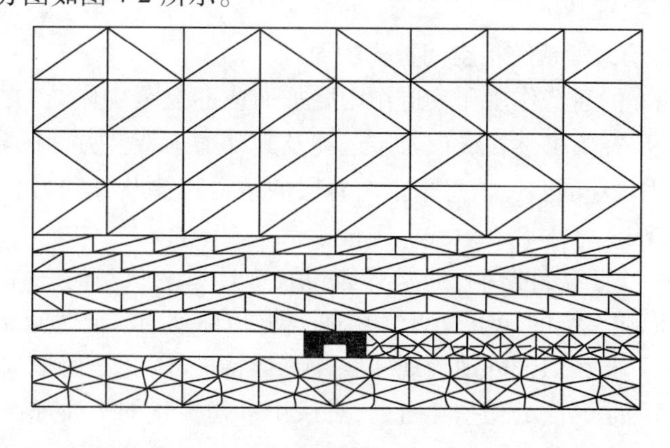

图4-2　模型单元划分图

(三)数值模拟方案

为了研究综放顺槽的稳定性,就要研究不同煤柱尺寸条件下和支护方式改变条件下巷道围岩的运动、破坏规律,因此模型按照留设煤柱尺寸1 m、2 m、3 m、4 m、5 m、6 m、8.5

m、10 m 和各煤柱尺寸进行锚杆支护共 16 个模型进行了模拟。进行锚杆支护时，锚杆所选取的参数为：长 2. 5 m，直径 20 mm，泊松比 0. 3，弹性模量 13 000 MPa，屈服力 67 kN，破断力 112 kN，预紧力 30 kN。巷道锚杆布置方案见图 4-3。

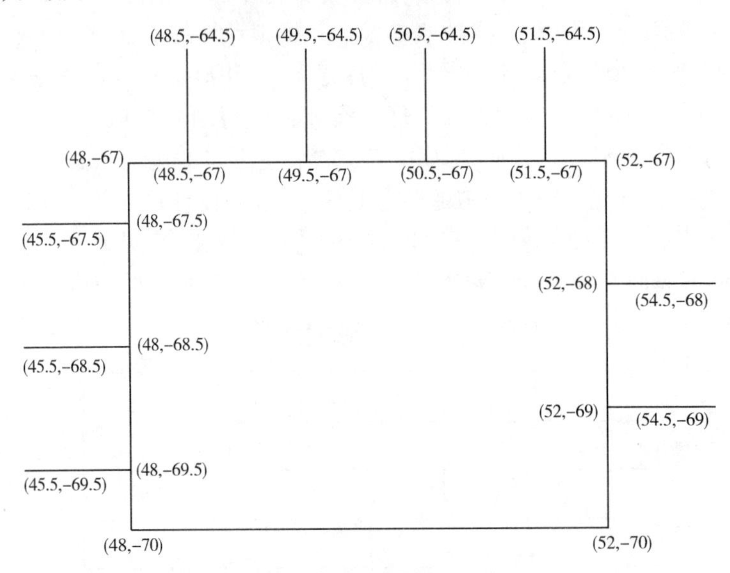

图 4-3　巷道锚杆布置方案

二、数值模拟结果

通过数值模拟，提取了巷道的中部顶板垂直位移 y_{dis}、垂直应力 s_{yy}，左帮煤柱的水平位移 x_{dis}、水平应力 s_{xx} 和垂直应力 s_{yy} 等指标，以对巷道的稳定性进行分析。

三、巷道围岩系统的相空间重构

（一）巷道围岩动力学系统相空间重构的原理

岩层是由于地质的建造作用和改造作用叠加而成的复杂岩体结构。理论研究、数值模拟研究以及试验研究等虽然在认识岩层运动及其动力学特性方面起到了重要作用，但在工程应用中，利用现场的实测信息来推断岩层的运动规律及其动力学特性无疑是最直接也是最重要的方法。

在实际系统中，由于条件限制，通常只能得到描述系统状态的一种或几种变量的数据，如果得到的是混沌系统的一组观测数据，通常称该序列为混沌时间序列。由于混沌时间序列与随机噪声具有相似的外观表现和线性统计特征，因此如何根据观测序列来区分一个给定的观测序列是混沌的还是随机的，对认识事物变化的本质规律及建立正确的模型来描述这种变化具有重要意义。因此，按照非线性动力学的观点，从实测数据序列中，研究巷道围岩系统中的混沌现象，来判别、认知围岩所处的状态及动力学行为，无疑对巷道围岩运动的可预报性及其预报方法的研究有重要意义。

系统的非线性特征信息蕴含在实际的时间序列中，Packara 于 1980 年提出重构相空间可以再现系统的原始信息，重构相空间是从动力系统单变量时间序列中提取分形维数的理论基础。系统在某一时刻的状态称为相。确定状态的几何空间称为相空间。系统随时间的解在相空间中形成的一曲线簇称为相轨道。相轨道和相空间构成系统的相图。相图定性地描述了系统状态在全部时间内的变化，耗散系统吸引子的结构也可以得到反映。

混沌运动是确定论系统中局限于有限相空间的轨道高度不稳定的运动。这种轨道高度不稳定，是指随着时间的推移，相邻的相空间的轨道之间的距离会按指数级增大。正是这种不稳定性，使系统的长时间行为显示出某种混乱性，对时间的或相空间的粗粒平均将呈现典型的随机行为。所以说，混沌是指确定性的非线性系统中所出现的形式上较为混乱的非周期运动。大量的研究表明，在非线性耗散系统中有混沌并伴有混沌吸引子，在非线性保守系统中也有混沌，只是没有混沌吸引子。

（二）数值模拟数据序列的相空间重构图

通过重建动力系统相空间，观察与原系统等价的相轨道，来定性分析系统运动的性质。显然，从数值模拟得到的时间序列很难直接观察出系统的动力学特性。

以巷道中部顶板下沉的垂直速度 y_{vel} 和巷道左帮中部点运动的水平速度 x_{vel} 两组时间序列嵌入到 m 维相空间中去研究。图 4-4 和图 4-5 分别为巷道中部垂直速度和巷道左帮中部水平速度在三维相空间的重构图。从图中可以看出，系统似乎存在一个吸引域，各相点不断回复、折叠，靠近或远离吸引域，系统运动的轨道比较复杂，但是又不等同于毫无规律的随机运动。

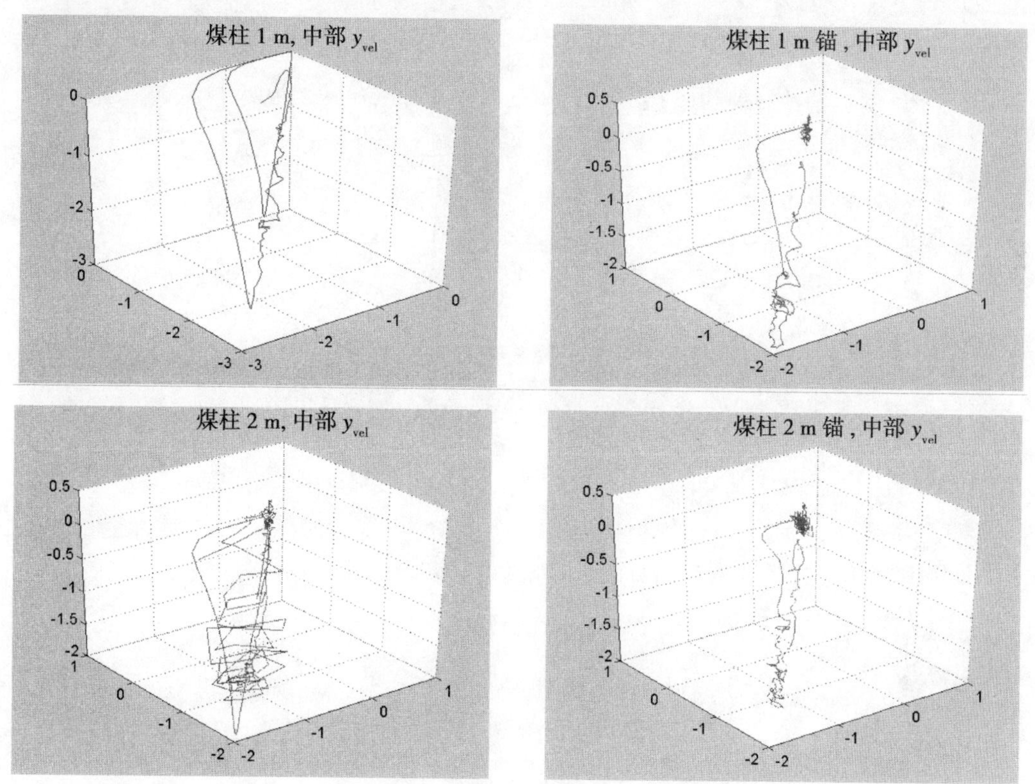

图 4-4　巷道中部垂直速度在三维相空间的重构图

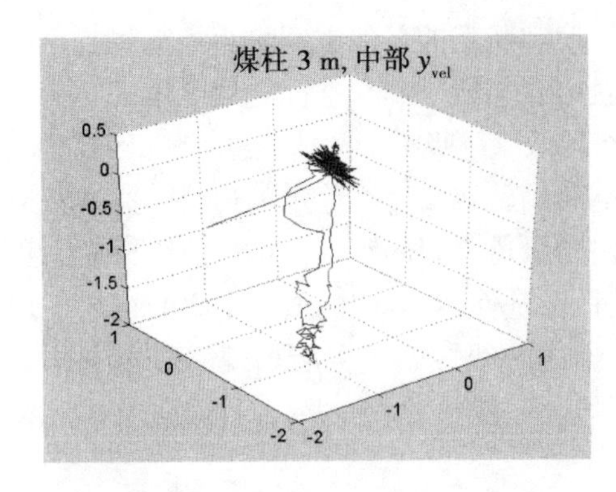
煤柱 3 m, 中部 y_{vel}
0.5
0
-0.5
-1
-1.5
-2
1
0
-1
-2
-2
-1
0
1

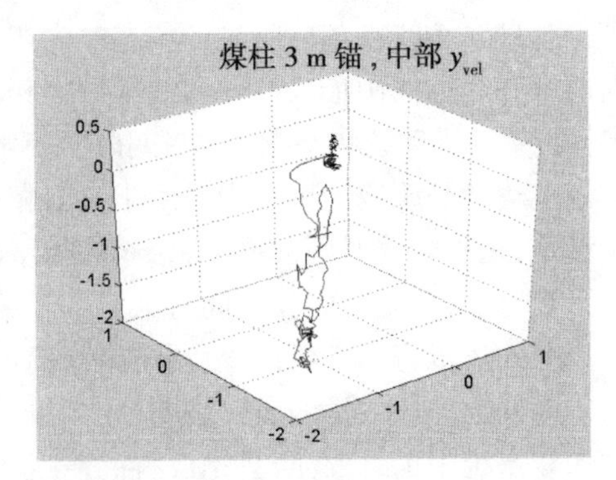
煤柱 3 m 锚 , 中部 y_{vel}
0.5
0
-0.5
-1
-1.5
-2
1
0
-1
-2
-2
-1
0
1

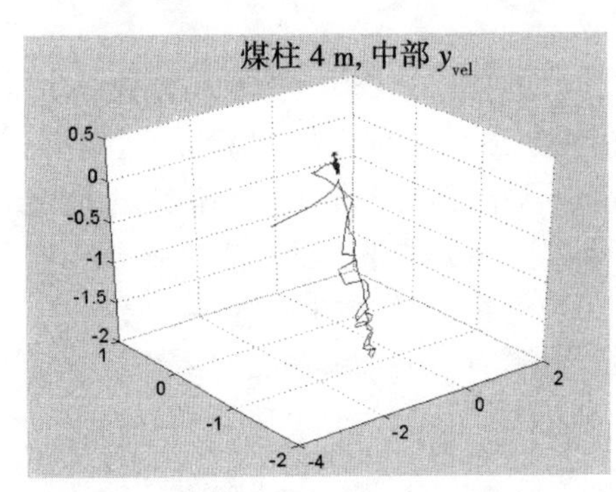
煤柱 4 m, 中部 y_{vel}
0.5
0
-0.5
-1
-1.5
-2
1
0
-1
-2
-4
-2
0
2

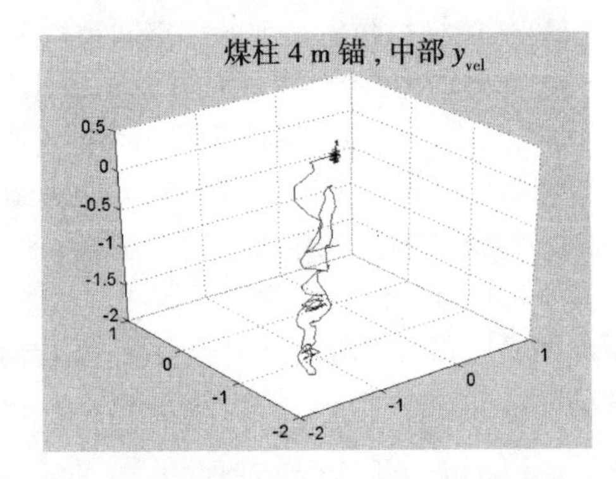
煤柱 4 m 锚 , 中部 y_{vel}
0.5
0
-0.5
-1
-1.5
-2
1
0
-1
-2
-2
-1
0
1

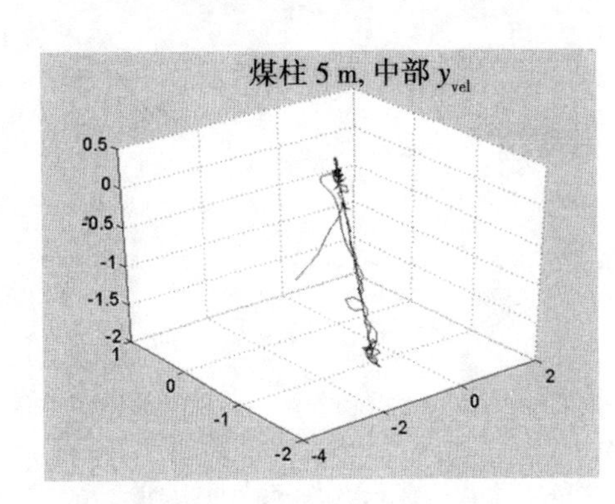
煤柱 5 m, 中部 y_{vel}
0.5
0
-0.5
-1
-1.5
-2
1
0
-1
-2
-4
-2
0
2

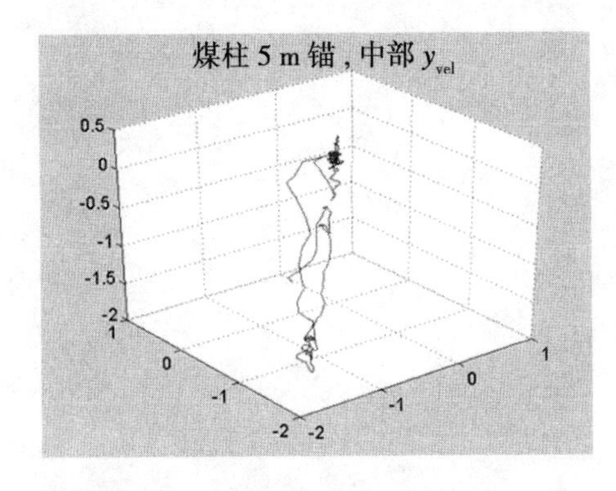
煤柱 5 m 锚 , 中部 y_{vel}
0.5
0
-0.5
-1
-1.5
-2
1
0
-1
-2
-2
-1
0
1

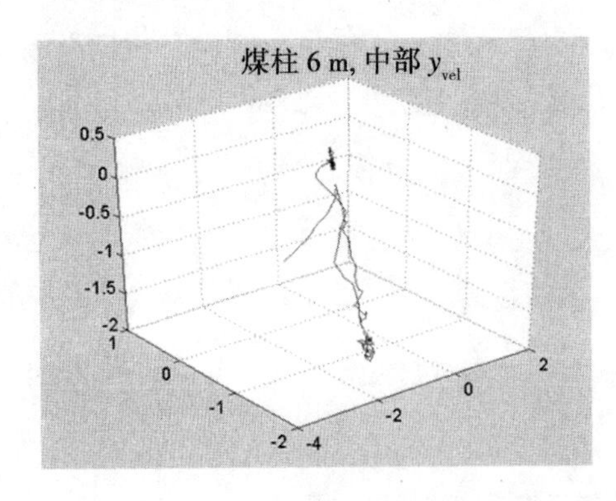
煤柱 6 m, 中部 y_{vel}
0.5
0
-0.5
-1
-1.5
-2
1
0
-1
-2
-4
-2
0
2

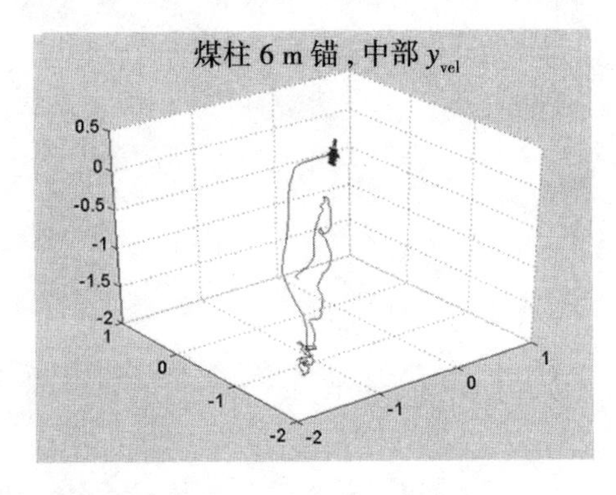
煤柱 6 m 锚 , 中部 y_{vel}
0.5
0
-0.5
-1
-1.5
-2
1
0
-1
-2
-2
-1
0
1

续图 4-4

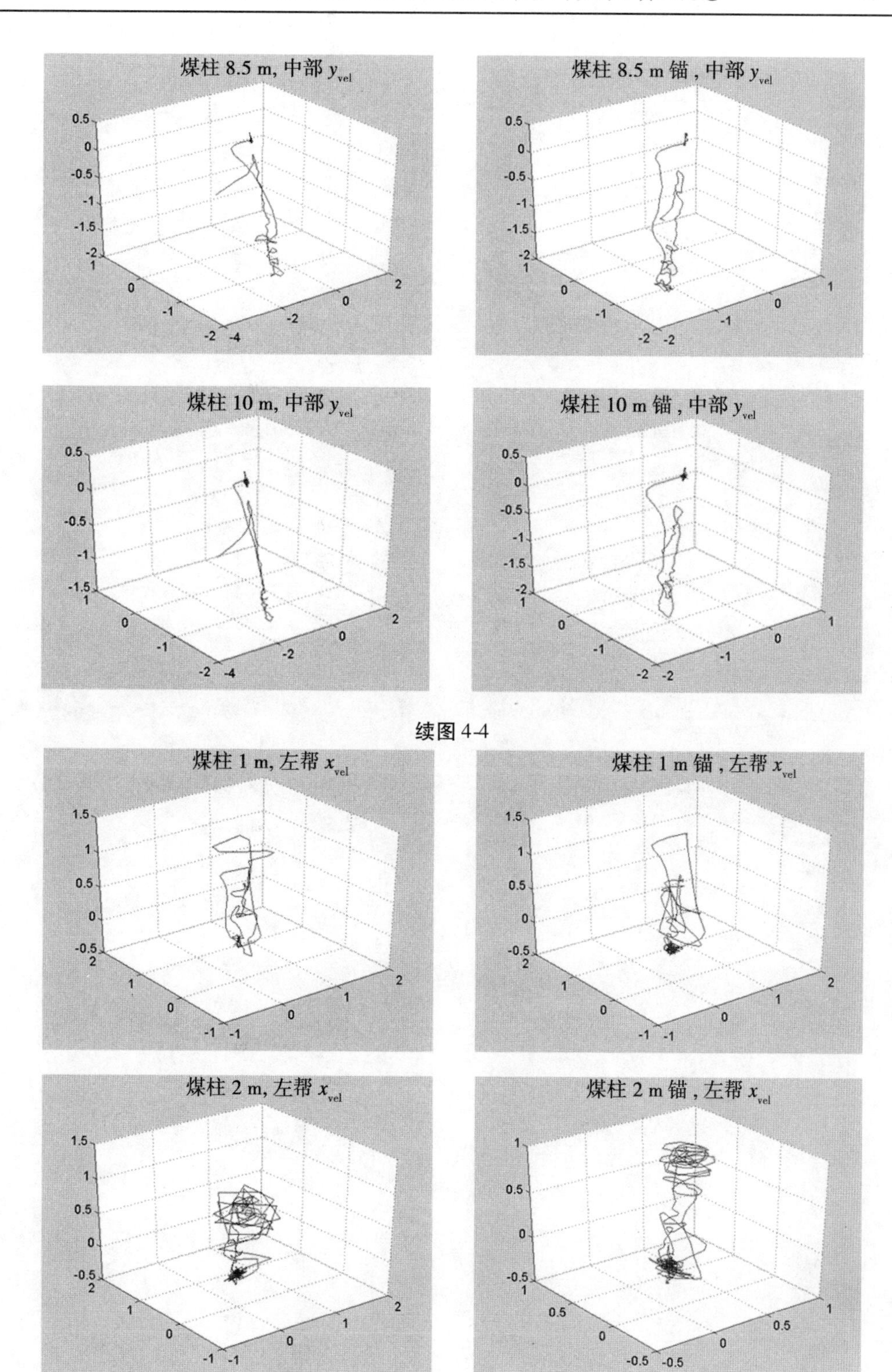

续图 4-4

图 4-5 巷道左帮中部水平速度在三维相空间的重构图

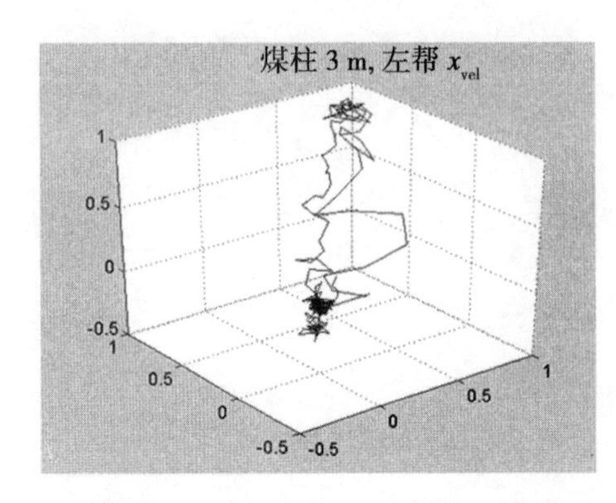
煤柱 3 m, 左帮 x_{vel}

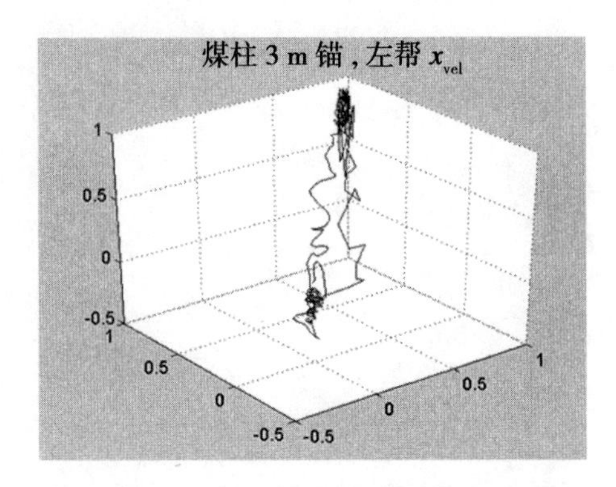
煤柱 3 m 锚 , 左帮 x_{vel}

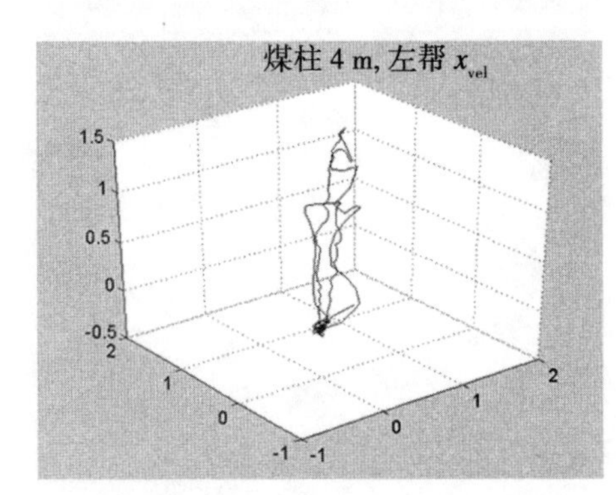
煤柱 4 m, 左帮 x_{vel}

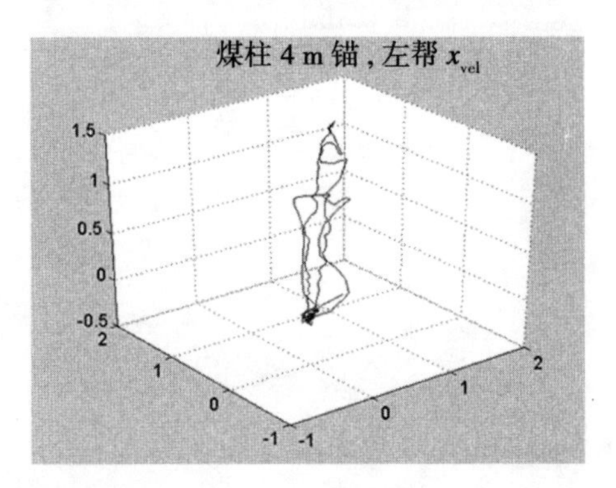
煤柱 4 m 锚 , 左帮 x_{vel}

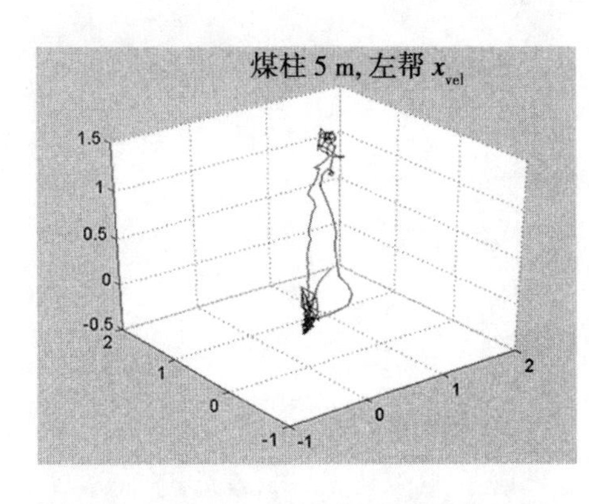
煤柱 5 m, 左帮 x_{vel}

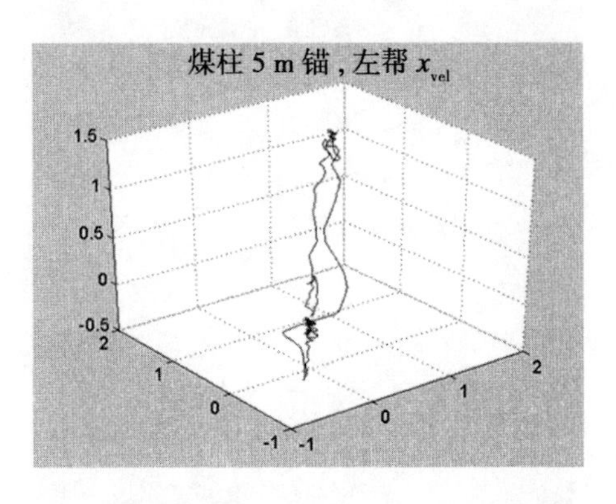
煤柱 5 m 锚 , 左帮 x_{vel}

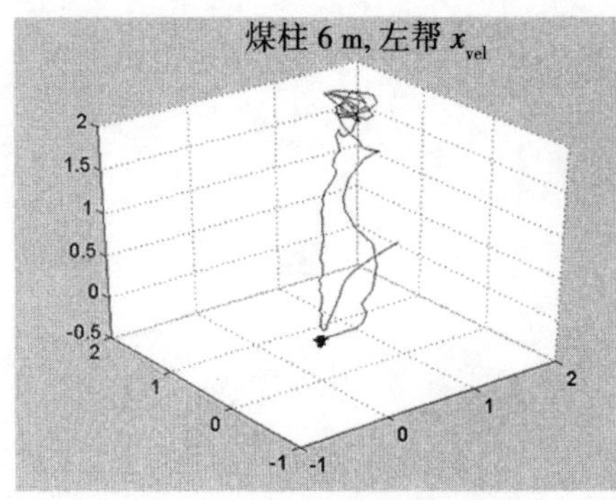
煤柱 6 m, 左帮 x_{vel}

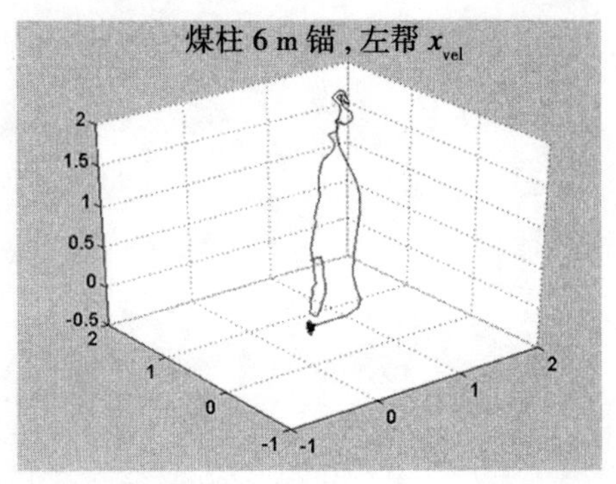
煤柱 6 m 锚 , 左帮 x_{vel}

续图 4-5

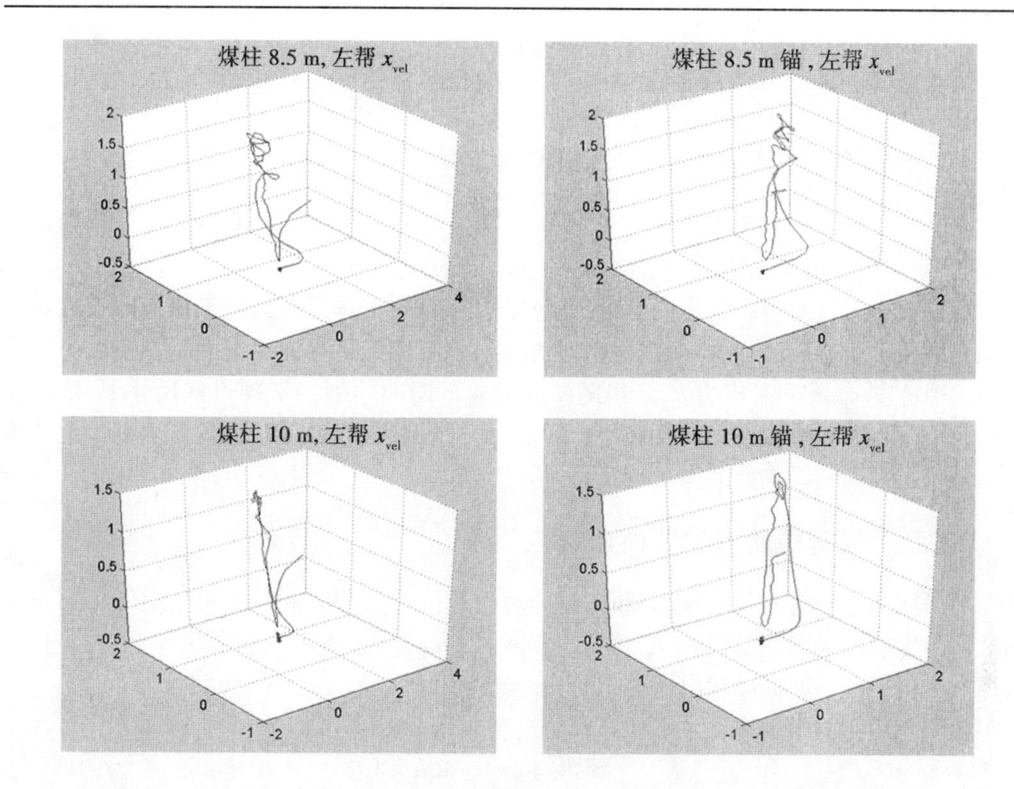

续图 4-5

第二节 基于实测数据的巷道稳定性动力学特征

一般认为,在自然界中,开放的、远离平衡的系统,非线性相互作用的系统,过程不可逆系统,具有涨落和破缺的系统,可能出现混沌现象,巷道围岩系统符合条件。

(1)巷道围岩系统是一个开放系统。

巷道围岩系统是自然系统和人工系统有机结合的整体,各子系统之间都有着相互作用,并与外界进行着能量、物质等的交换。而只有不断开放,通过与外界交换物质和能量,才能使系统的总熵减少,走向有序。

(2)巷道围岩系统远离平衡态。

若系统处于近平衡状态区并与外界有物质、能量的交换,就会回到平衡状态。也就是说,系统只有远离平衡状态,才有可能形成新的稳定有序的结构。显然,随着地下煤炭资源不断被采出,巷道围岩系统在受采动影响期间明显远离平衡状态,随着一个区段的回采结束,系统将会达到新的稳定有序的状态。

(3)巷道围岩系统内部各要素之间存在着非线性相互关系。

只有各要素(子系统)之间产生协同效应和相干效应,系统才能走向有序。因此,在巷道围岩各子系统间所存在的关系都是非线性的,几乎难以找出它们之间的线性关系,而通常所说的线性也只是一种近似而已。也就是说,水资源系统内部各要素间存在着非线性的相互作用和关系。

利用数值模拟得到的时间序列，对其提取最大 Lyapunov 指数，进行系统混沌动力学性态的判别。

一、描述巷道围岩动力学性态变量的选择

本系统时间序列的关联维数均小于 1，所以 int $|D_c|+1$ 为 1。根据变量数目确定准则，描述巷道围岩运动系统动力学性态的变量个数选取为 3 个。

综放顺槽为三面实体煤巷道，对巷道稳定性影响最大的因素来自于顶板的下沉和煤柱的变形及承载能力，因此描述系统动力学性态的变量选择巷道顶板的垂直速度 y_{vel}、煤柱的水平速度 x_{vel} 和水平应力 s_{xx} 三组随时间变化的时间序列。不同煤柱尺寸下，这三组时间序列随时间的变化，即为最大 Lyapunov 指数提取的原始时间序列，用最大 Lyapunov 指数判别系统的动力学性态。

二、巷道稳定性动力学特性

对煤柱的水平速度、水平应力和顶板的垂直速度等实测时间序列进行最大 Lyapunov 指数值的提取。根据概率统计法，确定计算 Lyapunov 指数所需的参数为 τ 为 3，步长为 1，探测吸引子的长度标尺和出现噪声的长度标尺均取 1。

各个变量在不同煤柱尺寸下计算出的最大 Lyapunov 指数值，见表 4-1。

表 4-1　最大 Lyapunov 指数值汇总

煤柱尺寸(m)	巷道支护	LE_1		LE_1		LE_1	
		中部 y_{vel}	符号	左帮 s_{xx}	符号	左帮 x_{vel}	符号
1	无	0.048 27	+	0.086 68	+	0.005 83	+
	锚固	0.007 00	+	0.038 95	+	0.031 65	+
2	无	0.016 10	+	0.037 72	+	0.028 91	+
	锚固	0.017 34	+	0.051 00	+	0.026 05	+
3	无	0.144 95	–	0.073 47	–	0.038 40	+
	锚固	0.152 93	–	0.034 31	–	0.284 73	–
4	无	0.143 43	–	0.025 37	–	0.050 84	–
	锚固	0.117 99	–	0.046 44	–	0.022 46	+
5	无	0.018 39	+	0.073 50	–	0.055 94	+
	锚固	0.132 92	–	0.071 74	–	0.096 80	–

续表 4-1

煤柱尺寸(m)	巷道支护	LE_1		LE_1		LE_1	
		中部 y_{vel}	符号	左帮 s_{xx}	符号	左帮 x_{vel}	符号
6	无	0.135 53	–	0.034 56	–	0.265 63	–
	锚固	0.262 00	–	0.017 66	–	0.065 69	+
8.5	无	0.301 34	–	0.024 56	–	0.252 45	–
	锚固	0.131 77	–	0.042 39	–	0.157 74	–
10	无	0.189 41	–	0.019 10	–	0.123 66	–
	锚固	0.142 49	–	0.036 05	–	0.365 26	–

通过对表 4-1 进行分析，由三个参数计算得到的 Lyapunov 指数表征整个巷道围岩系统的动力学性态，可以看出，巷道围岩的动力学性态由混沌性态向定常状态转变时煤柱的尺寸为 2 m 打锚杆至 3 m 煤柱。可见，随着煤柱尺寸的增大，系统的最大 Lyapunov 指数包含正和负两种情形，表明巷道围岩系统经历了定常运动和混沌运动。在煤柱尺寸小于 2 m 时，无论巷道进行锚杆支护与否，其 Lyapunov 指数均大于 0，这表明整个巷道的围岩系统处于混沌状态，系统的复杂程度和内部各因素之间的相互作用加强，系统受初始扰动的影响巨大。当煤柱尺寸为 3 m 的时候，系统经历了一个由混沌状态向定常状态转变的过程，其最大 Lyapunov 指数也由正转负，在煤柱尺寸为 3 m 且施加锚杆支护的时候，系统进入了定常状态。此时，系统承受扰动的能力进一步增强。当煤柱尺寸大于 3 m 时，系统基本全部进入了定常状态，此时，初始状态的微小改变并不会对系统后续的动力学的行为产生较大的影响，煤柱的尺寸及支护条件的改变控制了系统的动力学行为。

运用动力学的方法确定合适的煤柱尺寸及支护条件是巷道稳定性分析的一条新途径，可得到给定地质条件和开采方式下不同煤柱尺寸对巷道稳定性的作用规律：随着煤柱尺寸的增大，综放顺槽的动力学状态将由混沌状态转变为定常状态，相对于混沌状态，定常状态下其动力学行为将更易控制，如果再施加合理的支护手段，系统的混沌行为将得到更好的控制。

第五章　深埋煤层应力松弛状态演化的相空间重构及其混沌态

流变是岩土工程中遇到的普遍现象,不仅软岩和软黏土等具有流变特性,高地应力水平下中等强度的岩石或节理发育的硬岩也会发生一定程度的流变,岩土工程的失稳或破坏由岩石的流变性控制。岩石流变性是其重要的力学特性之一,尤其是现场的软弱岩体,其流变性对工程的稳定性起决定作用,而应力松弛是岩石流变的一个重要特性。随着矿井开采深度不断加深,地应力水平迅速提高,研究软岩应力松弛特性对地下工程稳定性的影响愈显迫切。但由于应力松弛试验的难度很大,目前国内外对材料松弛现象的研究仍存在较大空间。通过试验研究材料的应力松弛特性,兼具理论与实践意义。松弛的本质是一种特殊状态的蠕变,其表达参数应非定值,当前对应力松弛特征参数随时间而变化的规律研究较欠缺。而非线性动力学方法为分析应力松弛这一复杂系统的演化规律提供了一条值得倡导的路径。

混沌动力学与分形几何学是非线性科学的两个重要研究领域:混沌现象介于确定关系和随机关系之间,是对现有确定模式的推广,是自然界客观存在的一类重要形式,主要应用于定性研究系统演化的模式,并定量表述其演化状态;分形主要研究系统演化相轨迹的嵌套自相似性,定量评价系统演化层次间的自相似程度及其复杂程度。岩石应力松弛试验符合复杂系统的条件,试验过程具有复杂系统的非线性演化特征。松弛试验结果具有明确的时间相关性,是典型的非线性动力学系统的演化行为,适宜选择混沌与分形等非线性动力学方法进行研究。

应用 Lyapunov 指数法,对试验得到的深埋煤层应力松弛系统演化对应于各级应变水平的时间序列进行分析,科学重构相空间,得到了每一递进应变水平的相轨迹均不重复地围绕各自对应的历史应力中值而顺次演化。采用分形几何学方法进行时间序列分析,定量揭示出煤样应力松弛系统演化的各层次间自相似性,并部分反映了经典力学与非线性科学间的关系,得到对应各级应变水平系统演化时间序列的非线性动力学评价指标,并判定深埋煤层应力松弛系统为复杂系统且具有典型混沌特征。深埋煤层应力松弛系统演化的混沌程度及复杂程度呈下降规律,煤体内部力学性质弱化因素与强化因素之间竞争最为激烈的阶段混沌程度最高,而宏观破坏后系统伴随最低的混沌程度及复杂程度。

第一节　深埋煤层应力松弛系统演化试验

一、应力松弛试验方案设计

$3_{下}$ 煤块取自枣庄矿业(集团)有限责任公司田陈煤矿 2010 年在采 7104 工作面,采深为 770 m,属于深埋煤层。$3_{下}$ 煤层厚度为 3.17 ~ 9.35 m,平均为 5.0 m;煤为黑色,半亮度，似玻璃光泽，由镜煤、暗煤和丝炭等组成；煤层结构复杂，含一层泥岩夹矸，普氏硬度系数约为 2.0。

按照岩石力学试验标准加工的 $3_下$ 煤试件尺寸为 ϕ48 mm × 87 mm，在 SAW－2000 型微机控制电液伺服岩石三轴压力试验机上进行应力松弛试验。基本试验参数：试验机架刚度为 2×10^{10} N/m；预加荷载为 0.5 kN；分别施加 8 级轴向应变为 0.24%、0.26%、0.28%、0.31%、0.34%、0.37%、0.42% 和 0.47%；递进达到高一级应变水平的应变施加速率为 3.75×10^{-5} s^{-1}，对本试件即位移控制为 0.195 75 mm/min；达到各级应变水平并保持所对应的时间区间分别为 0～7 280 s、7 280～14 480 s、14 480～21 680 s、21 680～28 880 s、28 880～36 080 s、36 080～43 280 s、43 280～50 980 s、50 980～56 395 s，如图 5-1 所示，施加的各级应变水平保持恒定。

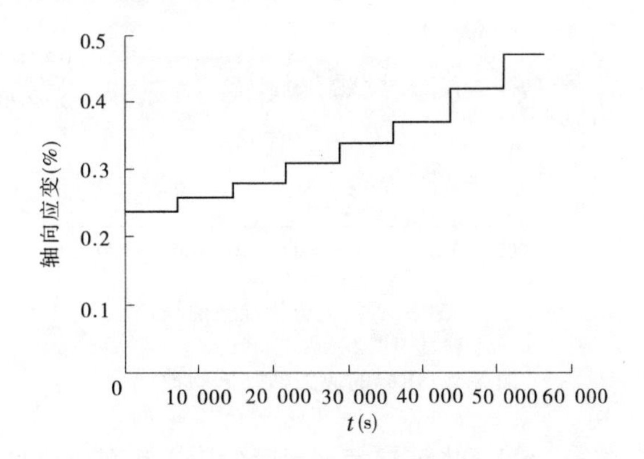

图 5-1 煤样应力松弛试验轴向应变的分级施加

二、应力松弛系统演化的试验结果

应力松弛试验得到破坏后的煤样状态如图 5-2 所示，得到煤样的应力松弛试验曲线如图 5-3 所示，煤样在第 8 级应变水平作用下经历了 5 415 s 后被破坏。

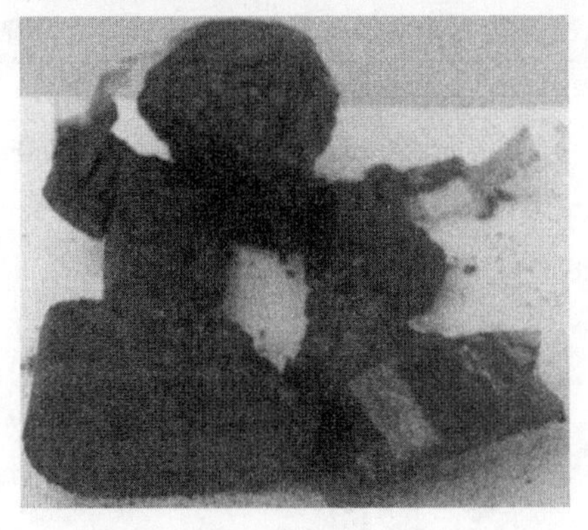

图 5-2 煤样应力松弛破坏后状态

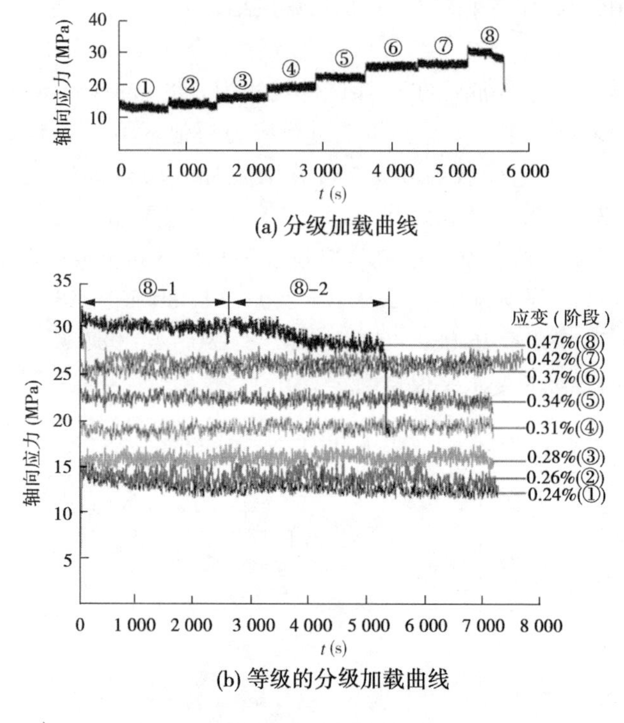

(a) 分级加载曲线

(b) 等级的分级加载曲线

图 5-3　煤样的应力松弛试验曲线

可见,煤样应力松弛系统的演化过程与轴向应变级别相对应,可将煤样的应力松弛演化过程分为 9 个递进阶段。各应变级别所对应的平均应力水平,即各应力松弛过程的应力中值点分别为:阶段①,13. 0 MPa;阶段②,14. 0 MPa;阶段③,16. 0 MPa;阶段④,19. 5 MPa;阶段⑤,22. 5 MPa;阶段⑥,26. 0 MPa;阶段⑦,27. 0 MPa;阶段⑧ -1,30. 5 MPa;阶段⑧ -2,28. 8 MPa。各阶段的应力随时间的推移而降低,具有比较典型的松弛特征,是后期对系统演化状态进行非线性动力学研究的基础。各级应变水平下的应力松弛试验时间、时序长度、应力中值以及煤样应力松弛系统的演化层序划分,见表 5-1。

表 5-1　各应变水平下煤样应力松弛系统演化的阶段划分

<table>
<tr><th>应变级别(%)</th><th colspan="2">演化层序</th><th>应力中值(MPa)</th><th colspan="2">时序长度(个)</th><th colspan="2">试验时间(s)</th></tr>
<tr><td>0. 24</td><td colspan="2">①</td><td>13. 0</td><td colspan="2">7 760</td><td colspan="2">7 280</td></tr>
<tr><td>0. 26</td><td colspan="2">②</td><td>14. 0</td><td colspan="2">7 291</td><td colspan="2">7 200</td></tr>
<tr><td>0. 28</td><td colspan="2">③</td><td>16. 0</td><td colspan="2">6 771</td><td colspan="2">7 200</td></tr>
<tr><td>0. 31</td><td colspan="2">④</td><td>19. 5</td><td colspan="2">6 300</td><td colspan="2">7 200</td></tr>
<tr><td>0. 34</td><td colspan="2">⑤</td><td>22. 5</td><td colspan="2">5 909</td><td colspan="2">7 200</td></tr>
<tr><td>0. 37</td><td colspan="2">⑥</td><td>26. 0</td><td colspan="2">5 700</td><td colspan="2">7 200</td></tr>
<tr><td>0. 42</td><td colspan="2">⑦</td><td>27. 0</td><td colspan="2">6 074</td><td colspan="2">7 700</td></tr>
<tr><td rowspan="2">0. 47</td><td rowspan="2">⑧</td><td>⑧ -1</td><td>30. 5</td><td rowspan="2">4 123</td><td>2 676</td><td rowspan="2">5 415</td><td>3 514</td></tr>
<tr><td>⑧ -2</td><td>28. 8</td><td>1 447</td><td>1 901</td></tr>
</table>

第二节　重构相空间再现煤应力松弛系统的原始信息

Takens 指出,系统中任一分量的演化都由与之相互作用着的其他分量所决定,相关分量的信息隐含在任一分量的发展过程之中。煤的应力松弛系统为复杂系统,通过对试验时间序列的相空间重构,能够追索其初始行为,而不需要建立复杂的动力学方程,以研究整个系统的动力学特性。

一、时滞的 Lyapunov 指数确定法

相空间重构是非线性时间序列分析的重要步骤,τ 在相空间重构再现系统原始信息中起关键作用,但 τ 多凭经验试探选取,有时甚至要求 τ 足够大。当 τ 选择过小时,相点 $X(t)$ 和 $X(t+\tau)$ 因在数值上彼此接近而不能相互独立;当 τ 过大时,因混沌吸引子的初值敏感性,$X(t)$ 和 $X(t+\tau)$ 相互之间的关系变为随机。需要科学的方法确定 τ,使得 $X(t)$ 和 $X(t+\tau)$ 之间既可相互独立,又不至于在统计意义上完全无关,并须兼顾信息损失和时间序列长度。

对 8 个应变级别的应力松弛时间序列(总长度为 49 928),选择固定的嵌入维数 $m=5$、演化步长 $\Delta t=2$、探测吸引子的长度标度 1、出现噪声的长度尺度 1,而唯一改变是 τ,对煤样应力松弛系统演化的应力—时间序列进行相空间重构。适度扩大 τ 的取值范围至 10,按照最大 Lyapunov 指数的确定过程得到相应的 LE_1,煤样应力松弛系统演化的 LE_1—τ 关系曲线如图 5-4 所示。

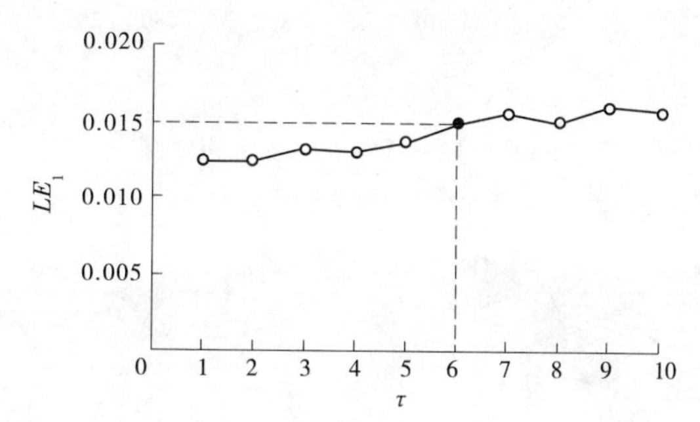

图 5-4　煤样应力松弛系统演化的 LE_1—τ 关系曲线

LE_1—τ 关系曲线显然具有较强的波动性,这是 Wolf 方法确定 LE_1 鲁棒性较差的具体表现,但不影响应力松弛系统演化过程中对其 LE_1 趋向稳定规律的判定。依据 Lyapunov 指数确定法得到的 τ 取值为 6,即图 5-4 中黑色散点所对应的横坐标值。

二、应力松弛系统的相空间重构

根据时滞 $\tau=6$,得到 8 320 个三维相点,相点$(X(i),X(i+\tau),X(i+2\tau))$在相空间的顺序演化重构了丰富多彩的应力松弛系统的相轨图,如图 5-5 所示。

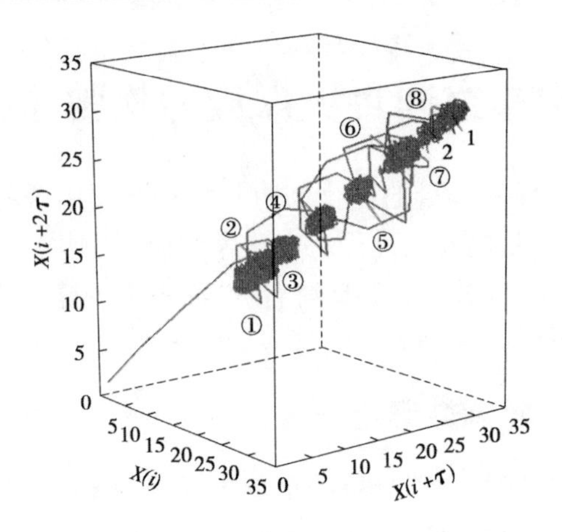

(a)三维相轨图

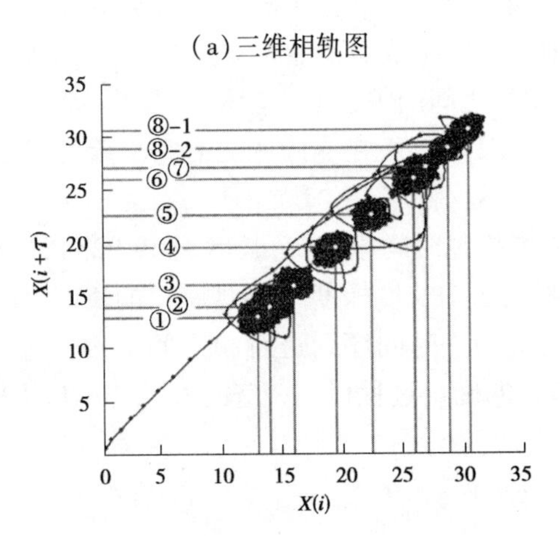

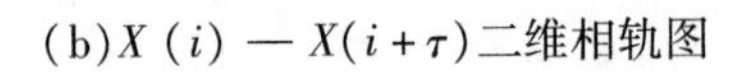

(b)$X(i)$ — $X(i+\tau)$二维相轨图

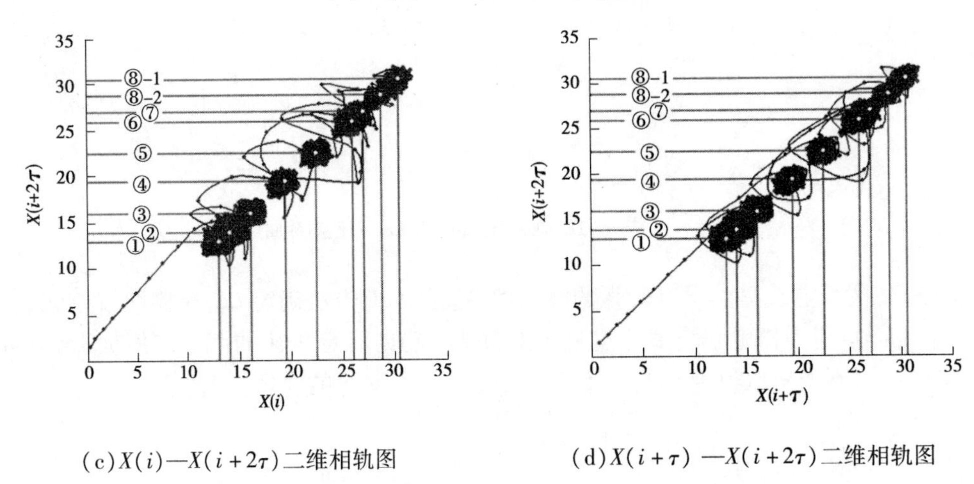

(c)$X(i)$—$X(i+2\tau)$二维相轨图　　(d)$X(i+\tau)$ —$X(i+2\tau)$二维相轨图

图 5-5　煤样应力松弛系统演化的相轨图及吸引子更迭

重构相空间所得到的相轨迹不重复地演化,与应力松弛系统在每一递进应变水平上的特征相对应,相轨迹不重复地顺次演化均围绕各自新的吸引子,吸引子与煤样在历史上承受的应变水平所对应的应力中值基本一致,表明通过相空间重构再现应力松弛系统的原始信息是恰当的。

第三节　深埋煤层应力松弛系统演化的混沌态

一、应力松弛系统演化的层次间自相似

试验设计施加了 8 级应变,对各级应变下的应力松弛时间序列进行相空间重构,得到 8 个层次相连的相轨图。由相轨图,将相点在相空间中的演化时间序列作为应力松弛系统自相似性研究的对象,对应于各应变级别递进的相轨迹顺序演化分析,可望揭示应力松弛系统演化各层次间的自相似性,而分形维数是适宜的定量评价指标。

(一)基于三维相轨迹的应力松弛系统分形维数

重构应力松弛系统的相空间,得到了三维相轨图,对 8 320 个相点分别对应的各应变级别的相轨迹时间序列求取容量维数、信息维数和关联维数,见表 5-2。

表 5-2　煤样应力松弛系统各应变级别的三维相轨迹分形维数

应变级别(%)	演化层序	相点数(个)	容量维数	信息维数	关联维数	平均维数
0.24	①	1 073	1.440 6	2.357 9	2.292 0	2.030 2
0.26	②	1 073	2.408 6	2.599 5	2.603 4	2.537 2
0.28	③	1 073	2.041 9	2.181 4	2.093 5	2.105 6
0.31	④	1 073	1.668 5	2.010 5	2.237 5	1.972 2
0.34	⑤	1 073	1.746 8	2.015 5	2.105 3	1.955 9
0.37	⑥	1 073	1.526 6	2.233 2	2.544 0	2.101 3
0.42	⑦	1 073	1.590 3	1.674 4	1.621 7	1.628 8
0.47	⑧ ⑧-1 ⑧-2	809 525 284	1.561 7 1.500 0 1.270 3	2.003 3 2.221 2 1.603 6	1.959 1 2.347 9 1.754 8	1.841 4 2.023 0 1.542 9

煤样应力松弛系统各应变级别的三维相轨迹分形维数介于 1.270 3 ~ 2.603 4,平均分形维数为 1.973 9。这表明应力松弛系统演化各层次间具有较强的自相似性,且系统的复杂程度较高。

（二）基于二维时间序列的应力松弛系统分形维数

三维相轨图中的 8 320 个相点与应力松弛系统演化的应力—时间（二维）相点相对应，以二维应力—时间点在相空间的演化时间序列为对象，提取煤样应力松弛系统演化各层次的分形维数，以定量评价应力松弛系统演化层次间的自相似性。对各应变级别的二维时间序列求取容量维数、信息维数和关联维数，统计见表 5-3。

表 5-3　煤样应力松弛系统各应变级别的二维相轨迹分形维数

应变级别（%）	演化层序	相点数（个）	容量维数	信息维数	关联维数	平均维数
0.24	①	1 073	1.000 0	0.999 2	0.998 3	0.999 2
0.26	②	1 073	0.931 4	0.987 0	0.994 9	0.971 1
0.28	③	1 073	0.958 8	0.966 8	0.973 1	0.966 2
0.31	④	1 073	0.912 1	0.963 7	0.981 5	0.952 4
0.34	⑤	1 073	0.979 0	0.979 3	0.979 6	0.979 3
0.37	⑥	1 073	0.949 3	0.961 1	0.964 6	0.958 3
0.42	⑦	1 073	0.931 1	0.942 8	0.949 9	0.941 3
0.47	⑧ ⑧-1	809 525	0.924 2 0.852 1	0.924 4 0.860 7	0.924 4 0.865 6	0.924 3 0.859 5
	⑧-2	284	0.624 7	0.754 5	0.758 4	0.713 4

煤样应力松弛系统各应变级别的二维相轨迹分形维数介于 0.624 7 ~ 1.000 0，平均分形维数为 0.926 5。这表明应力松弛系统演化各层次间具自相似性，且系统的复杂程度较低。

（三）岩石力学试验断口的分形维数

在 Euclid 空间中，对岩石力学试验断口的扫描电子显微镜（简称扫描电镜）图像分析是介于二维与三维之间的，对应复杂系统的相空间分形维数值亦应介于前述基于二维时间序列与基于三维相轨迹的分形维数之间。对岩石力学试验断口的扫描电镜图像分析结果表明，对应复杂系统（形成岩石力学试验断口）微观尺度上的盒维数为 0.810 5 ~ 1.248 2，平均为 1.058 3；细观尺度上的盒维数为 0.622 5 ~ 1.371 8，平均为 1.036 3；宏观尺度上的盒维数为 0.842 2 ~ 1.248 2，平均为 1.051 5。总的分形盒维数平均值为 1.048 7，介于前述二维相轨迹平均分形维数 0.926 5 和三维相轨迹平均分形维数 1.973 9 之间，证明了上述观点。

综合分析表明，虽然应用分形维数评价煤样应力松弛系统在各应变级别之间的自相似性是有条件的，但不同研究角度所得到的结论是一致的，即各应变级别应力松弛时间序列的分形维数平均值相对恒定，系统演化过程中具有典型的自相似性。复杂系统在欧几里得空间中的岩石力学问题，与其在重构相空间时所表现出的非线性特征具有较好的一致性，从局部揭示出经典力学与非线性科学间存在着必然的联系。

二、应力松弛系统演化的混沌特征

前述分析表明，煤样应力松弛系统的演化等岩石力学问题，在各层次相空间中的维数均确定为分数，这提供了判定应力松弛系统演化呈混沌性的必要条件。

对每一应变级别一维应力松弛时间序列的 LE_1 判定，均选用 $\tau=6$ 且固定其余参数，唯一改变嵌入维数 m 进行相空间重构。由于时间序列的长度普遍较大，适度扩大 m 的取值范围至10，对10条应力松弛试验时间序列进行非线性动力学分析，得到煤样应力松弛系统演化各级应变水平的混沌动力学评价指标，包括饱和嵌入维数 m_c、最大Lyapunov指数 LE_1 和 K 熵等。煤样应力松弛系统演化的 LE_1—m 关系曲线如图5-6所示。

由图5-6可见，LE_1—m 关系曲线在初始阶段均具有较强的波动性，并且在趋向平稳之后的曲线段普遍呈现下降特征，体现了Wolf方法确定 LE_1 鲁棒性较差的不足。在嵌入维数 m 的取值超过拐点之后，煤样应力松弛系统演化时间序列的相关性趋差，据 LE_1—m 关系曲线由初始波动趋向相对平稳的拐点，得到各级应变水平的 m_c（图5-6中黑点对应的横坐标值）、LE_1 和 K 熵等系统的混沌动力学评价指标，见表5-4。

系统演化各级应变水平下的最大Lyapunov指数 LE_1 均为正值，综合前述维数均为分数的成果，判定煤样应力松弛系统的演化具有典型的混沌特征。即该系统的演化源于内部诸影响因素间的非线性相互作用，应力松弛系统对初始状态敏感依赖，其后继演化状态不可长时预测。

三、应力松弛系统混沌度及复杂程度的度量

应力松弛系统为混沌系统，Kolmogorov熵是其混沌程度的度量；应力松弛系统同时又是复杂系统，其复杂程度的度量需要依赖分形维数 D 的大小。

表5-4中煤样应力松弛系统演化各级应变水平的 K 熵的变化规律，以及表5-2、表5-3中煤样应力松弛系统演化各级应变水平的容量维数、信息维数和关联维数的变化规律，如图5-7所示。

在初始第①级较低的轴向应变水平0.24%作用下，煤体内部原始结构出现调整，由于应变作用方向明确、相应的初始松弛应力低，煤样应力松弛系统的复杂程度较低；随着轴向应变级别的提高，各级应变水平所对应的初始松弛应力水平提高，煤体内部结构的调整呈现相互竞争状态，即煤样破坏之前材料力学性质弱化与强化因素之间的竞争，致使平均复杂程度较高；破坏阶段的材料力学性质弱化因素占据优势，一边倒的结果致使系统的复杂程度最低。煤样在第⑧级应变水平作用下发生破坏，而之前的应力松弛原始曲线中，第⑦级应变水平下的试验曲线形态最为简单，系统的复杂程度相对最低。

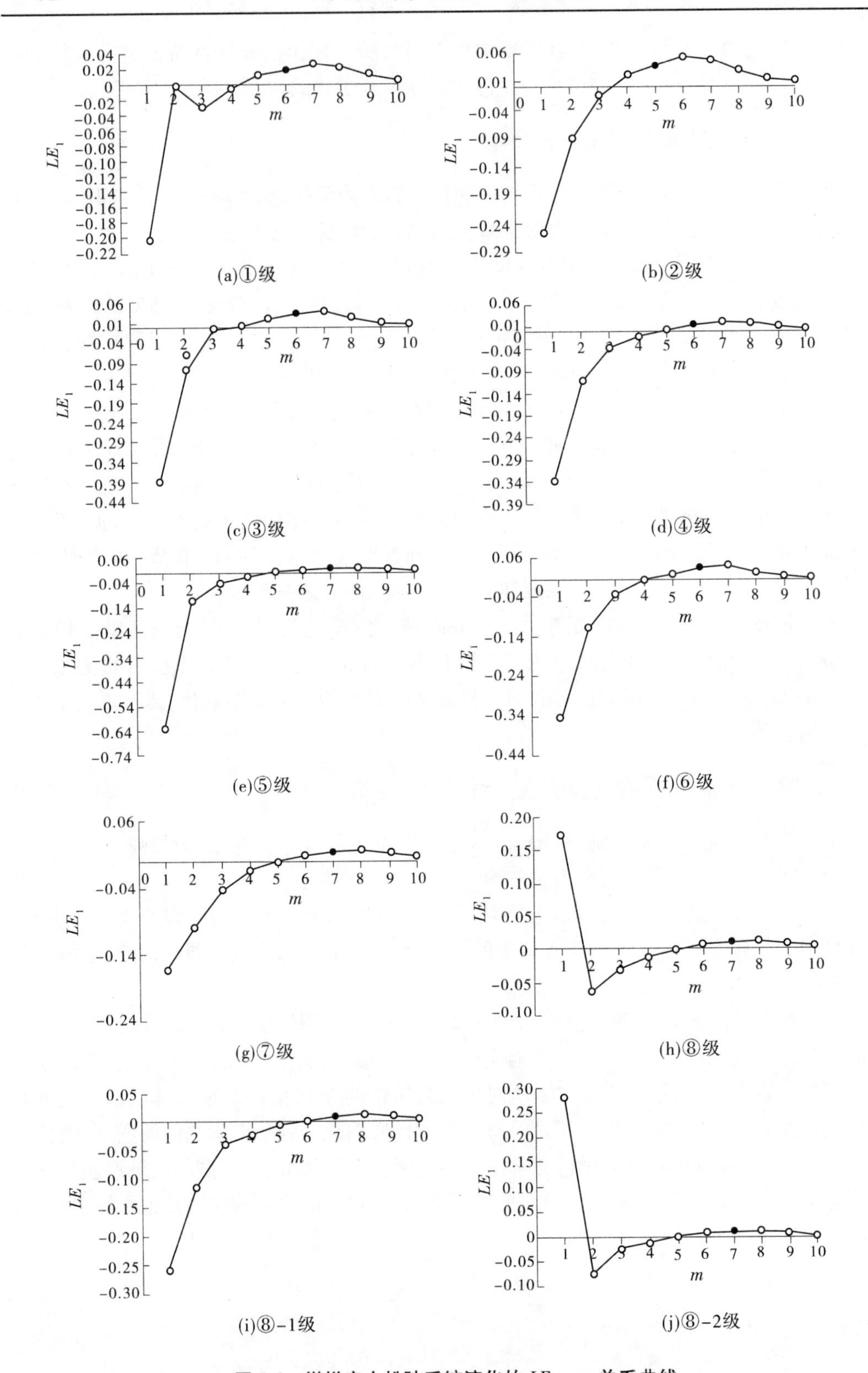

(a)①级　(b)②级

(c)③级　(d)④级

(e)⑤级　(f)⑥级

(g)⑦级　(h)⑧级

(i)⑧-1级　(j)⑧-2级

图 5-6　煤样应力松弛系统演化的 LE_1—m 关系曲线

表 5-4　煤样应力松弛系统演化各级应变水平的混沌动力学评价指标值

应变级别（%）	演化层序	时序长度（个）	m_c	LE_1	K 熵
0.24	①	7 760	6	0.019 7	82.057 4
0.26	②	7 291	5	0.039 3	133.703 1
0.28	③	6 771	6	0.034 4	110.335 8
0.31	④	6 300	6	0.016 0	47.594 8
0.34	⑤	5 909	7	0.017 1	32.512 8
0.37	⑥	5 700	6	0.034 6	86.131 7
0.42	⑦	6 074	7	0.016 0	55.881 8
0.47	⑧	4 123	7	0.010 1	22.310 8
	⑧-1	2 676	7	0.009 1	10.358 6
	⑧-2	1 447	7	0.009 9	7.759 7

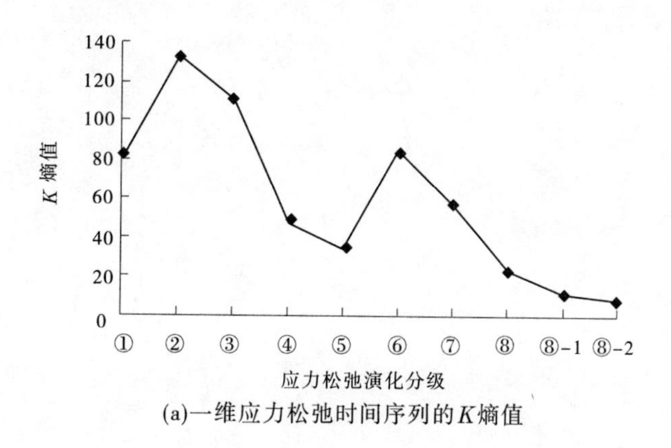

(a)一维应力松弛时间序列的K熵值

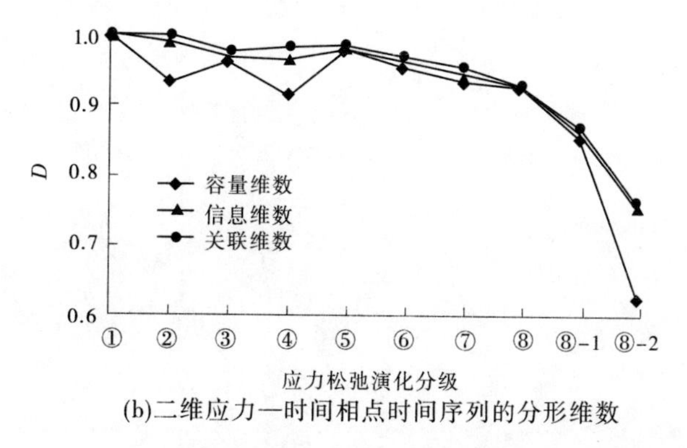

(b)二维应力—时间相点时间序列的分形维数

图 5-7　应力松弛系统演化不同阶段的混沌程度及复杂程度

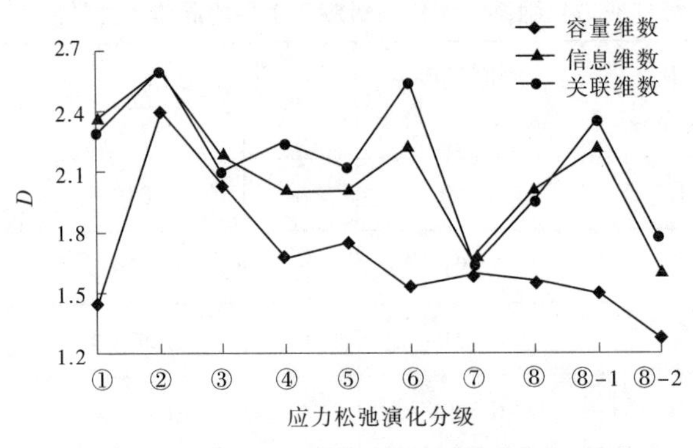

(c)三维应力—时间相点时间序列的分形维数

续图 5-7

煤样应力松弛系统演化的混沌程度大致呈相同复杂程度,总体呈下降趋势,煤样一旦发生宏观破坏,系统的有序性趋于最强、混沌程度最低,对应于最小的甚至是趋向 0 的 K 熵值。其中第②级轴向应变水平 0.26% 作用下的试验曲线形态,体现了材料力学性质弱化与强化因素之间的竞争最为激烈,对应于最高的混沌程度,即最大的 K 熵值。

第六章　岩石节理裂隙分布尺度效应的分形特征

岩石节理裂隙贯通与否,将适用不同的理论及研究方法,预知岩石(体)节理裂隙的分布规律虽然非常重要,却一直缺乏较准确易行的预测方法。节理裂隙条数是评价岩石裂隙面形态特征的重要指标,评价手段有概率统计、地质统计、分数维、光谱等。裂隙面形态特征的评价方法包括立体评价法、垂直剖面法、迷向均匀随机线法、角分布法、余纬度分布法等,但多数方法集中于裂隙面粗糙度和线粗糙度方面,且基本资料的获得以及评价方法的可操作性均比较难,特别是对试验设备的要求较高。如何测试和定量描述节理裂隙的表面形态是一项十分重要的基础性课题,建立描述裂隙面复杂形态特征的模型,进行可预测性的定量描述,将更具实用价值。

于无标度区域内建立节理裂隙分布(条数)的预测模型并与实际统计值进行比较研究,可望解决跨尺度预测岩石节理裂隙分布(条数)这一问题,应用于岩土工程数值模拟研究的建模等方面,具有实际意义。

第一节　岩石空间尺度划分及其节理裂隙分布

一、岩石空间尺度划分

岩石(体)在一定的应力条件下将发生不同程度的断裂,断口边痕、节理痕迹和断裂迹线均不是随机产生的,其中蕴含了丰富的信息,通过研究它们的分形分布规律,可以在更深层次上揭示岩石(体)的断裂破坏机制。岩石的断裂行为具有强烈的跨层次特征。表6-1列出了不同空间尺度下断裂力学研究的目标与方法。

表6-1　不同空间尺度下断裂力学研究的目标与方法

尺度	研究目标	研究方法
埃(10^{-10} m)	电子云交互作用	量子力学
纳米(10^{-9} m)	原子结合力、价键破断、位错形核、晶界结构	原子断裂力学
10纳米(10^{-8} m)	原子聚集体断裂、纳米晶体断裂	统计力学、分子动力学
亚微米(10^{-7} m)	位错发射、无位错区、离散塑性	弹性力学、位错力学
微米(10^{-6} m)	位错交互、界面、微结构、局部化剪切、韧脆转变	细观力学、微结构计算力学
忽米(10^{-5} m)	滑移、织构、微孔洞、微裂纹、多相介质	晶体塑性理论、细观损伤力学
丝米(10^{-4} m)	复合材料、多层介质、强韧化	连续介质力学、宏观断裂力学
毫米(10^{-3} m)	裂纹尖端奇异场	连续介质力学、宏观断裂力学
厘米(10^{-2} m)	试件几何结构完整性评价	计算力学

表 6-1 对空间尺度的划分比较具体、严格，实际应用中应视材料体系的不同而调整对应于微、细、宏观的空间尺度。在岩石(体)力学界有比较粗略但实用的微、细、宏观空间尺度的界定：细观尺度范围 $10^{-5}\sim10^{-3}$ m，微观尺度范围小于 10^{-5} m，宏观尺度范围大于 10^{-3} m。

二、岩石节理裂隙的空间分布

（一）扫描电子显微镜

日本电子株式会社的 JSM－6510LV 高低真空扫描电子显微镜，是 JSM－6000 系列钨灯丝扫描电镜的最新产品，由日本电子株式会社在 2008 年 8 月推出。它保留了 JSM－6000 系列的优点，具有出色稳定的控制系统和良好的操作界面，操作系统也更加简便，深受好评，被誉为世界先进的钨灯丝扫描电子显微镜。该试验系统主要包括电子光学系统、扫描系统、信号检测放大系统、图像显示和记录系统、电源和真空系统等。它是用细聚焦的电子束轰击样品表面，通过电子与样品相互作用产生的二次电子、背散射电子等对样品表面或断口形貌进行观察和分析。同时，扫描电子显微镜与能谱(EDS)组合，可以对观察试样进行成分分析。设备图像如图 6-1 所示。

图 6-1　JSM－6510LV 高低真空扫描电子显微镜

该设备的特点主要有以下几个方面：

(1)在保证高电压下高分辨率的同时，也可提供低电压下高质量的图像；

(2)配备全自动电子枪，工厂预对中灯丝；

(3)设备样品室大，视野大，景深大，具备全对中的样品台，可直接观察到试样凹凸不平表面的细微结构，成像富有立体感；

(4)金属类样品通常不需要进行任何处理即可直接进行观察，对不导电的样品，例如岩石，只需蒸镀一层导电膜，保真度好，不会由于制样而产生假象，这对断口的失效分析特别重要；

(5)样品可以是自然面、断口、块状、粉体、反光及透光光片等，制备简单。

扫描电子显微镜技术参数如表 6-2 所示。

表 6-2　扫描电子显微镜技术参数

指标	参数
保证分辨率	3.0 nm(30 kV) 8.0 nm(3 kV) 15 nm(1 kV)
放大倍数	5 ~ 300 000 ×
加速电压	0.5 ~ 30 kV
电子枪	工厂预对中灯丝
聚光镜	变焦聚光镜
物镜	锥形物镜
样品台	全对中样品台
$X-Y$	80 ~ 40 mm
Z	5 ~ 48 mm
旋转	360°
倾斜	-10° ~ +90°
排气系统(高真空模式)	DPx1,RPx1
排气系统(低真空模式)	DPx1,RPx2

(二)岩石节理裂隙的宏观－细观－微观分布

在赋存于地下约 400 m 的同一现场采取不同尺度的岩石材料,进行微观、细观、宏观尺度的岩石断裂破坏机制的试验研究。对 40 组 MTS 压力试验的岩石断口进行扫描电镜观测,以研究断口边痕线分布的微观分形特征,试件四周经加工磨平后为正方形,尺寸为 5 mm × 5 mm,对上表面仅进行喷金处理,置于扫描电镜上,将其 1/5 区域放大 500 倍摄取扫描图片,所以研究尺度为 2×10^{-6} m,属微观尺度范畴;钻取的岩芯试件直径为 50 mm,分别切割出一组薄片以研究节理痕迹的细观分形特征,将试件的切割面或其磨光面置于光学电子显微镜上,将其 1/10 区域放大 100 倍摄取光镜图片,所以研究尺度为 5×10^{-5} m,属细观尺度范畴,共计 35 组;在现场进行断裂迹线的素描或拍摄岩壁的数字图片,以研究断裂迹线的宏观分形特征,统计范围或拍摄区域的面积取 4 m × 4 m,所以研究尺度即为 4 m,显然属宏观尺度范畴,取 10 组。

对前述岩石(体)节理裂隙图片运用 Photoshop 软件进行图像处理,以突出各灰度层次的试验断口边痕线和节理裂隙迹线。图 6-2 为砂岩 MTS 试验断口边痕线分布图,共 40 幅,用以研究微观层次岩石节理裂隙分布的分形特征;图 6-3 为砂岩试件截面的节理裂隙迹线分布图,共 35 幅,用以研究细观层次岩石节理裂隙分布的分形特征;图 6-4 为砂岩岩体断裂迹线分布图,共 10 幅,用以研究宏观层次岩石节理裂隙分布的分形特征。

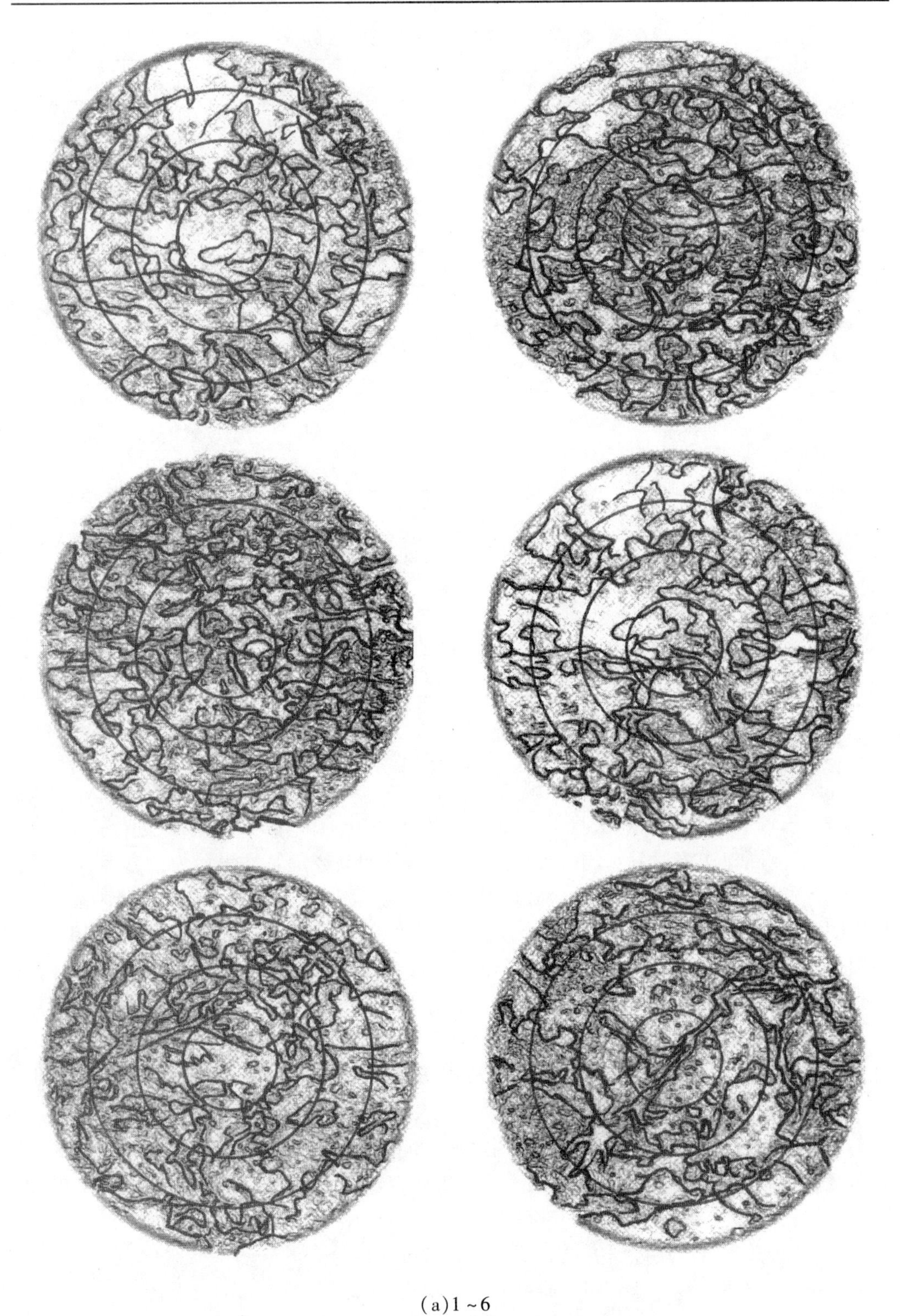

(a)1～6

图 6-2　砂岩 MTS 试验断口边痕线分布图

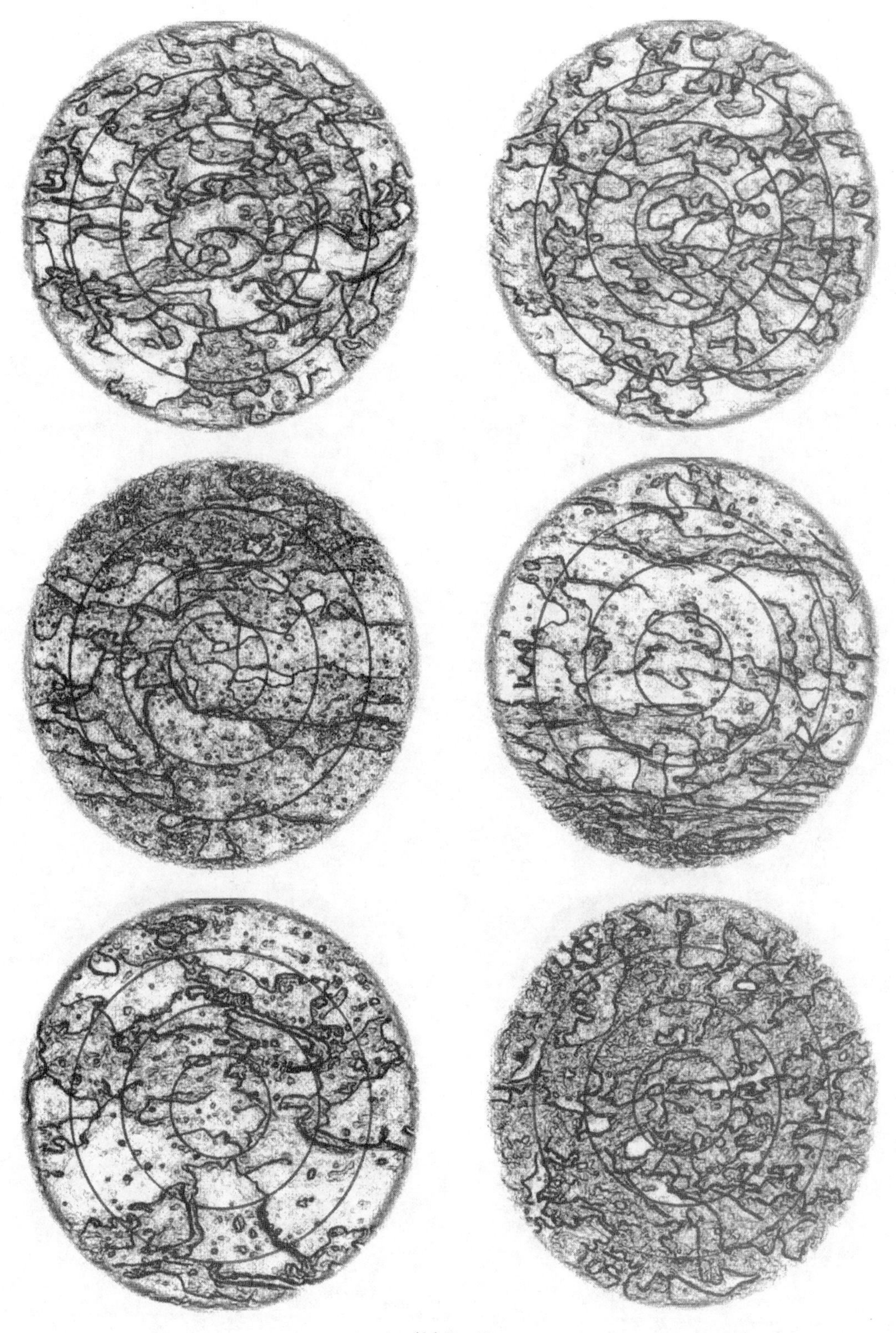

(b)7～12

续图 6-2

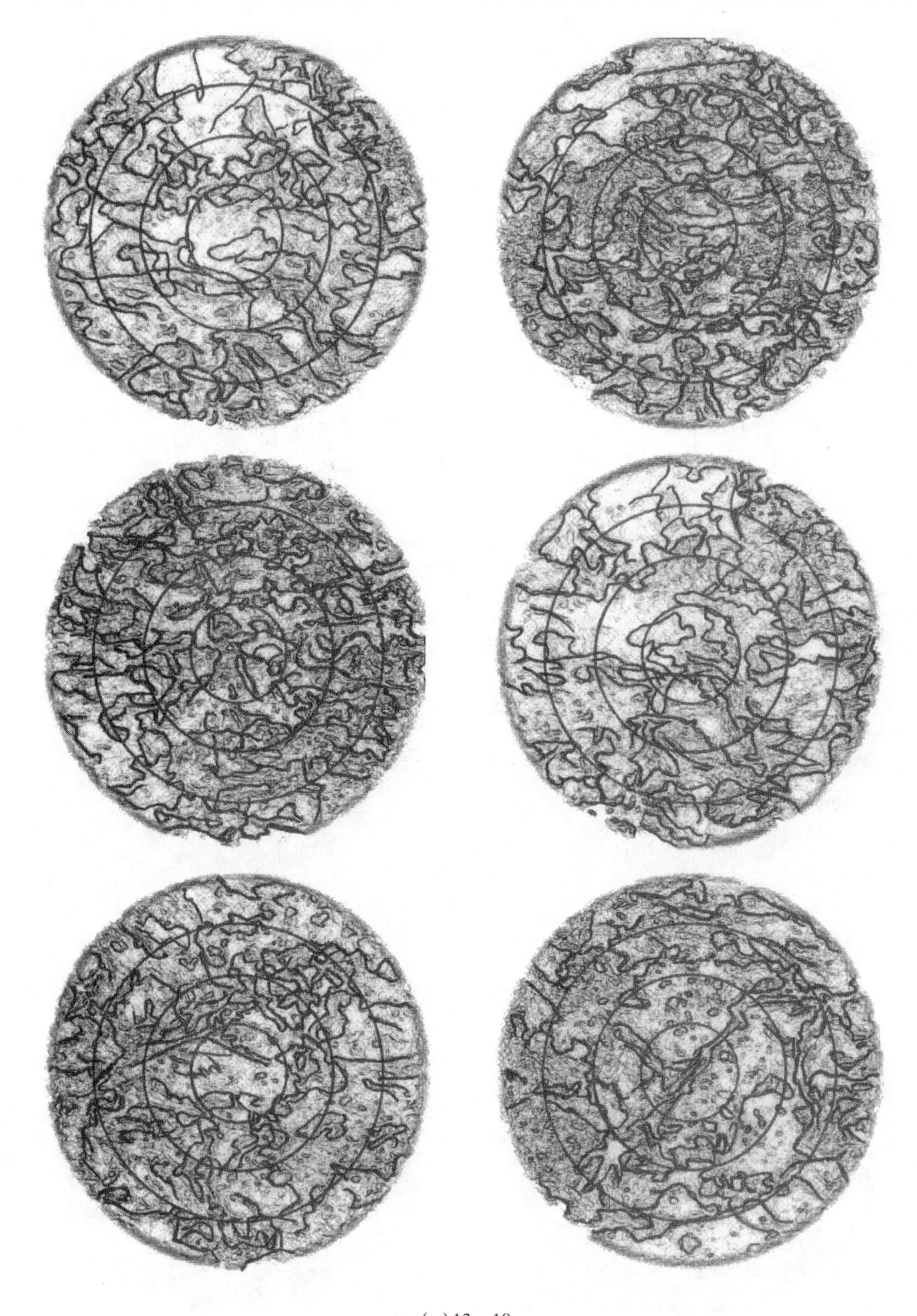

(c)13 ~ 18

续图 6-2

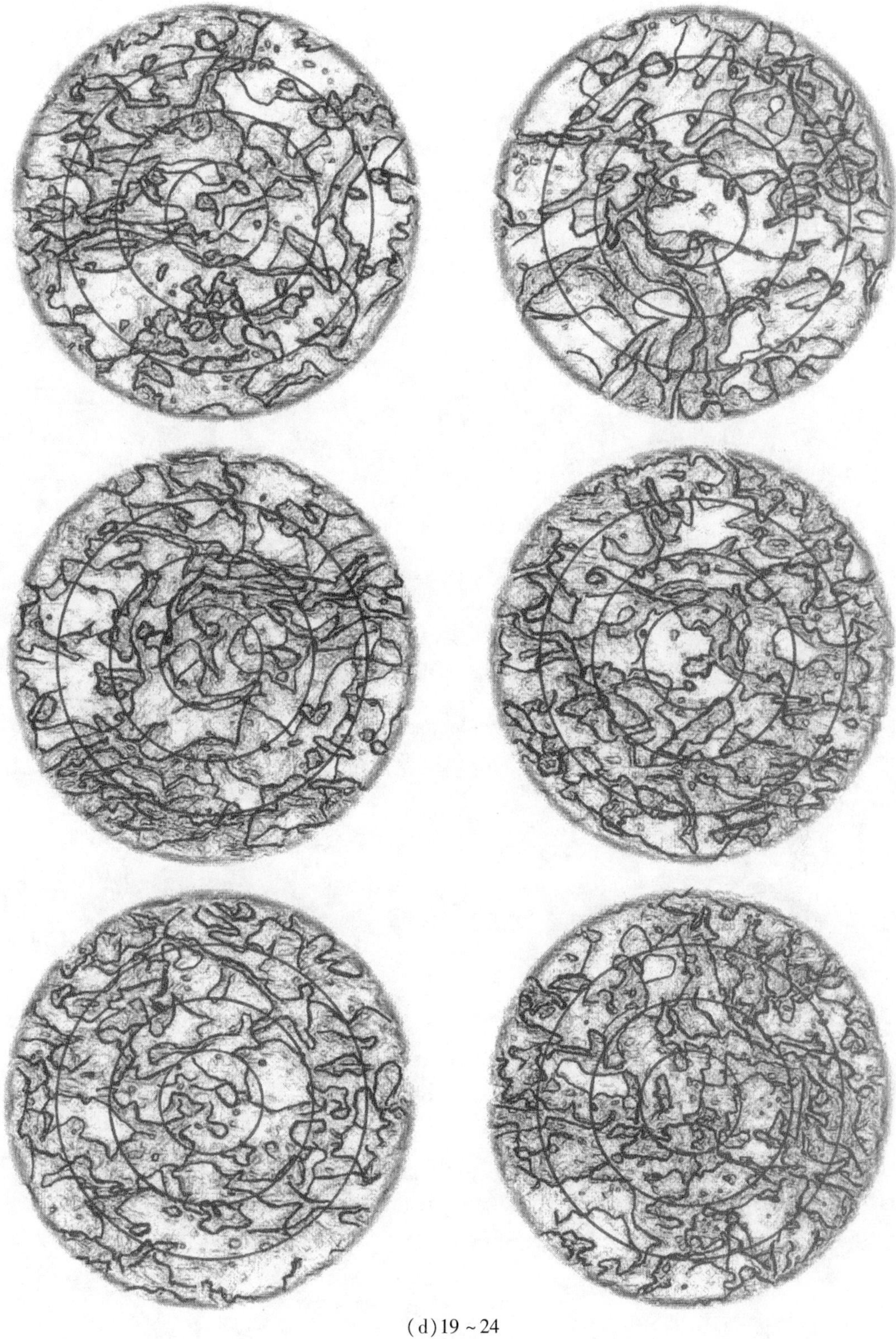

(d)19～24

续图 6-2

(e)25 ~ 30

续图 6-2

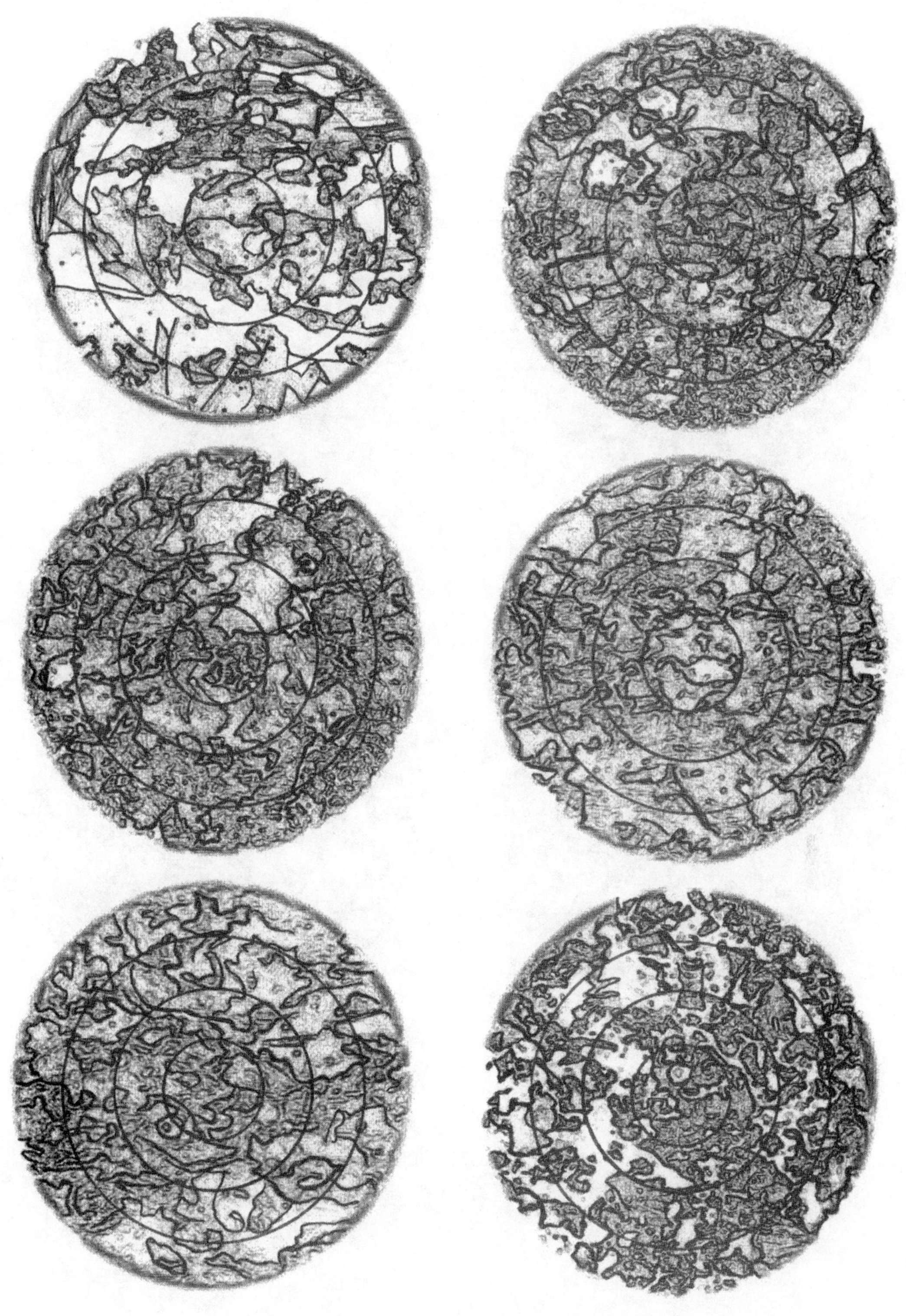

(f)31 ~ 36

续图 6-2

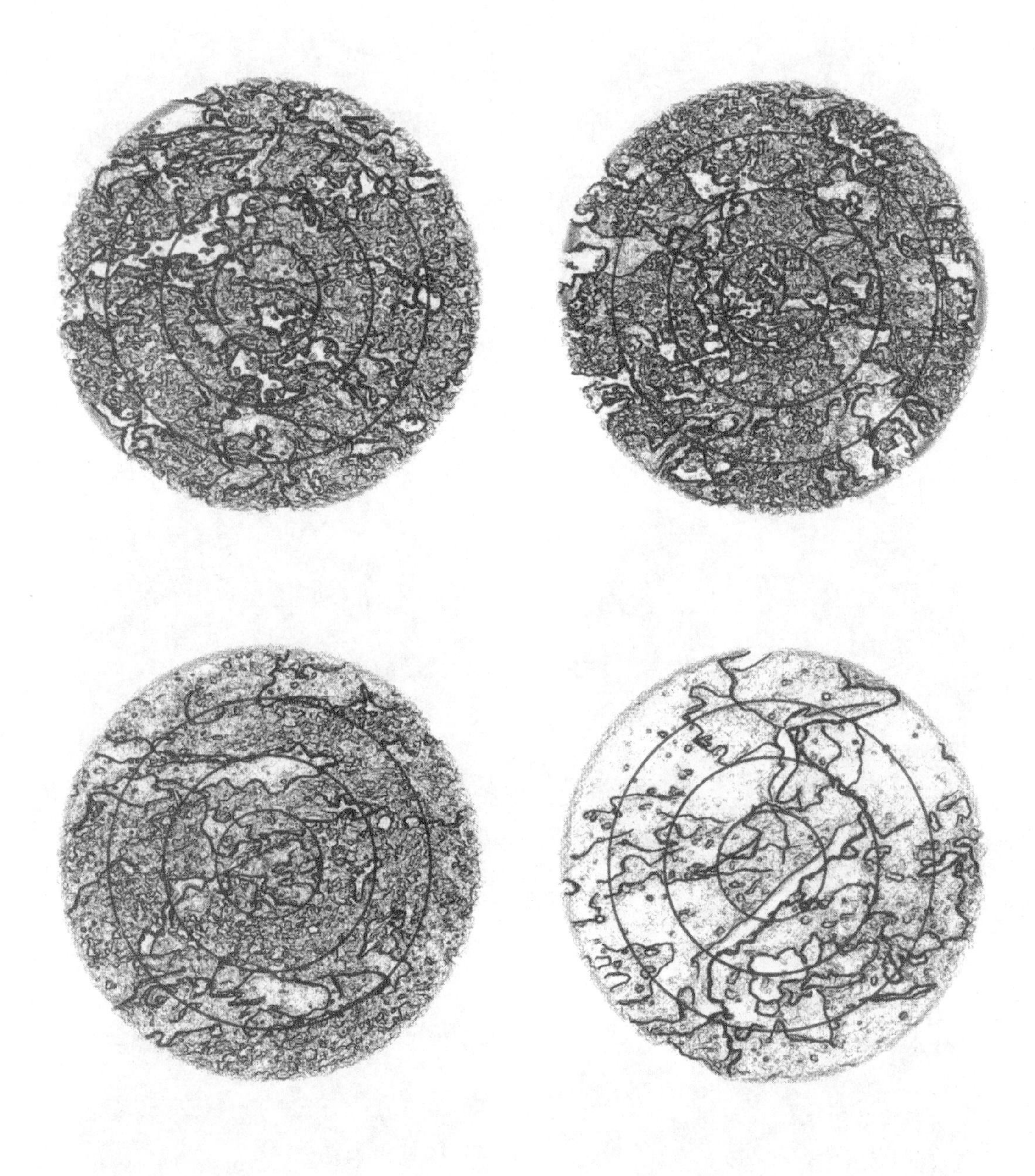

(g)37 ~ 40

续图 6-2

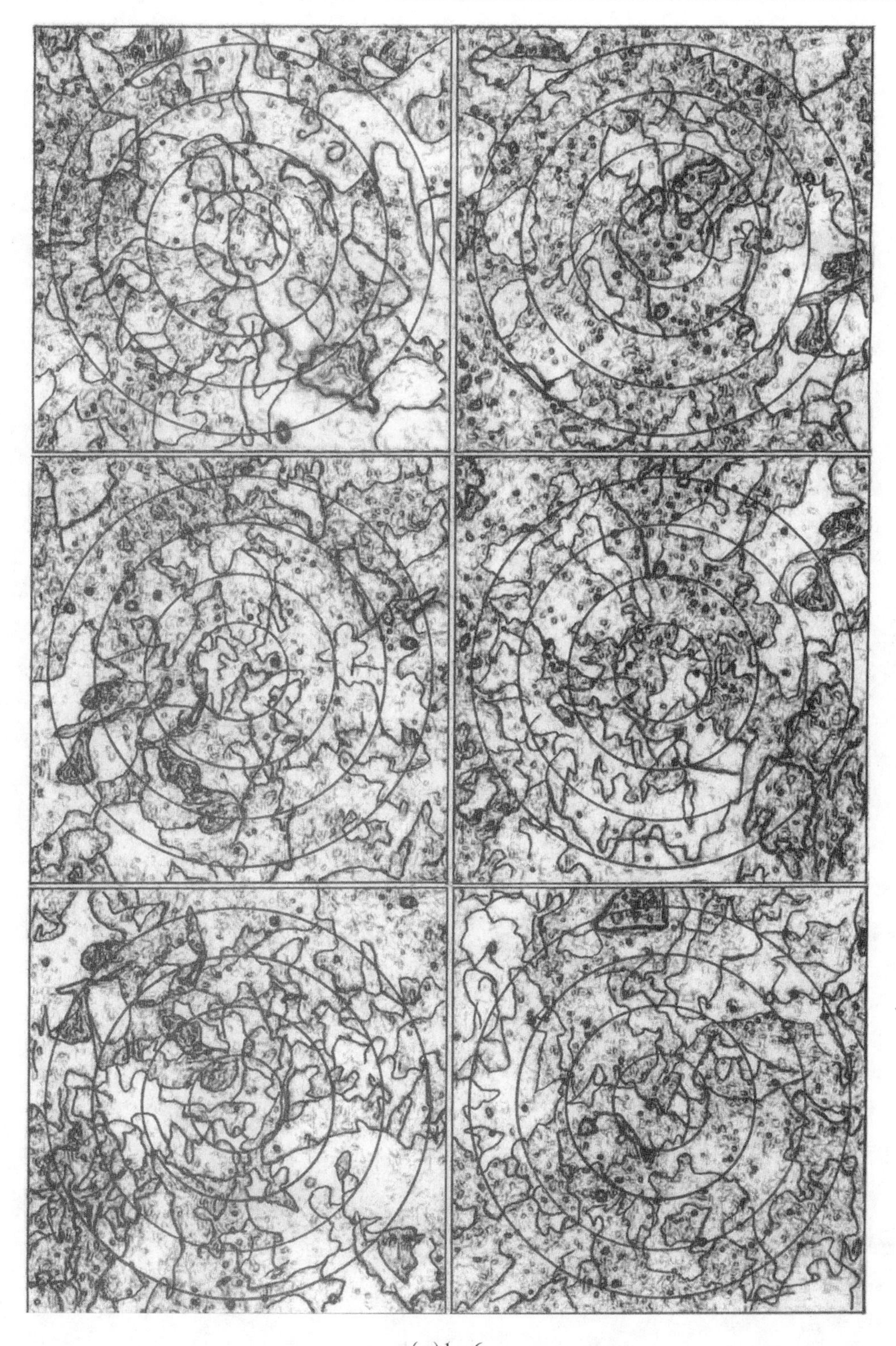

(a)1～6

图6-3　砂岩试件截面的节理裂隙迹线分布图

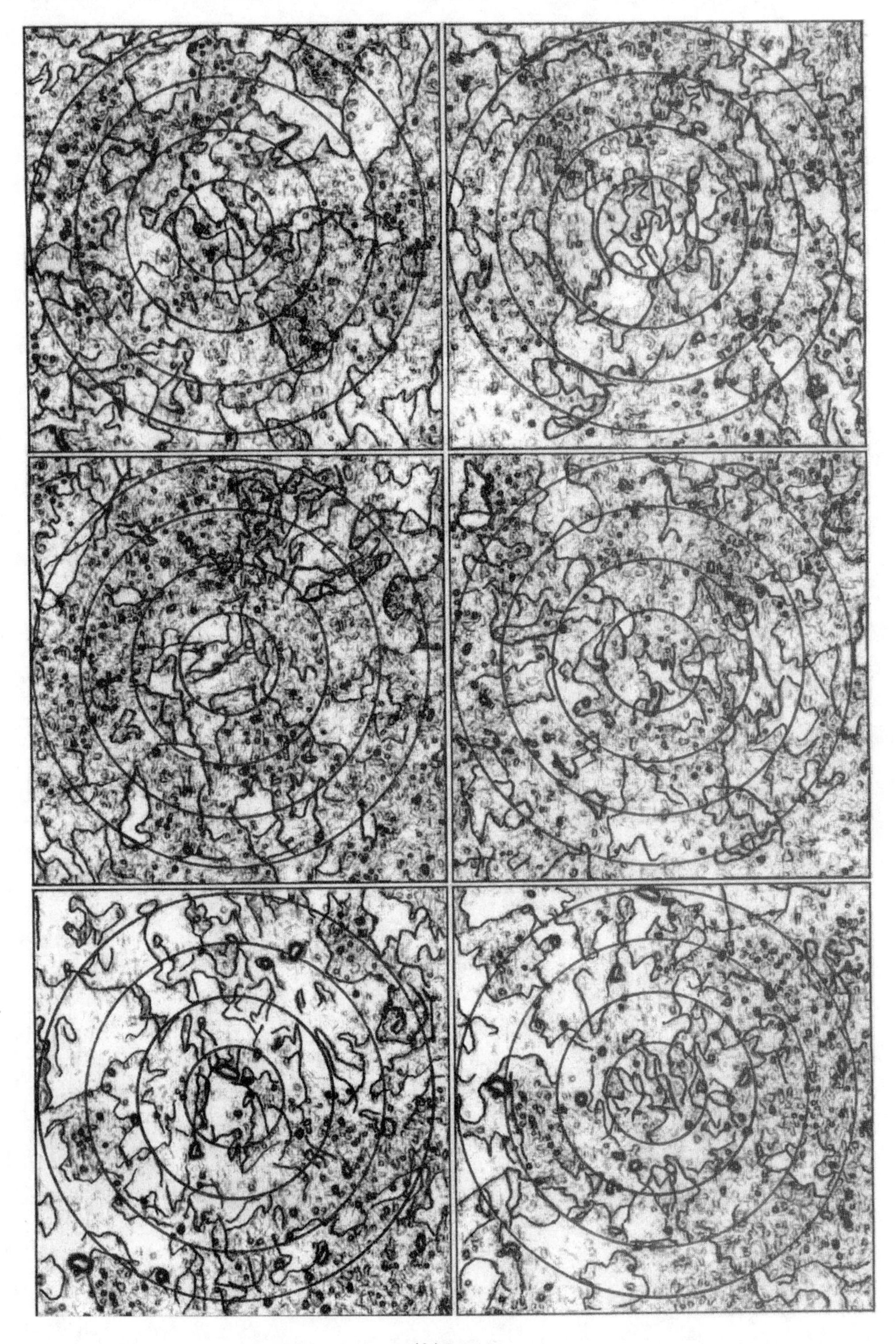

(b)7～12

续图 6-3

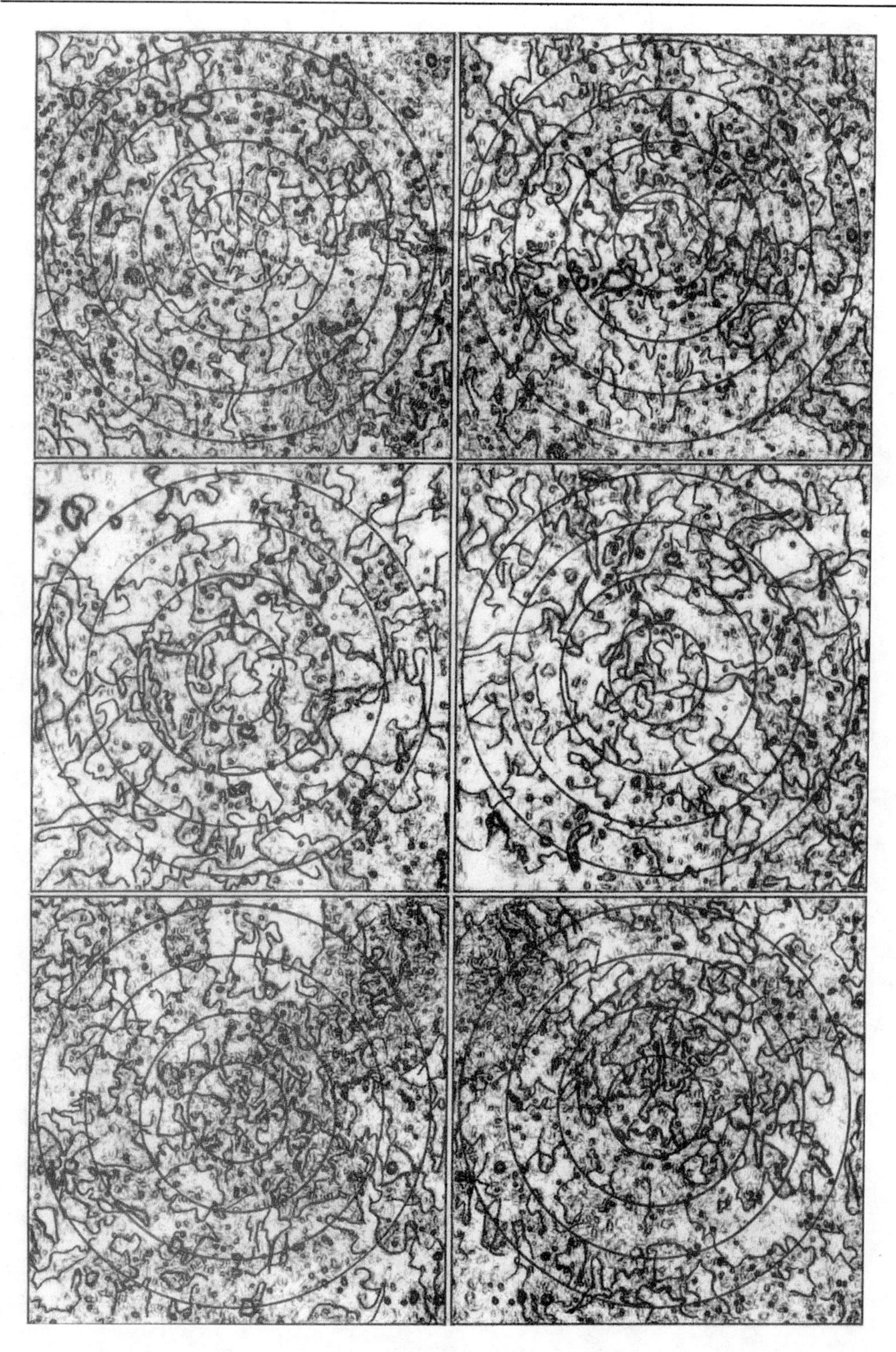

(c)13～18

续图 6-3

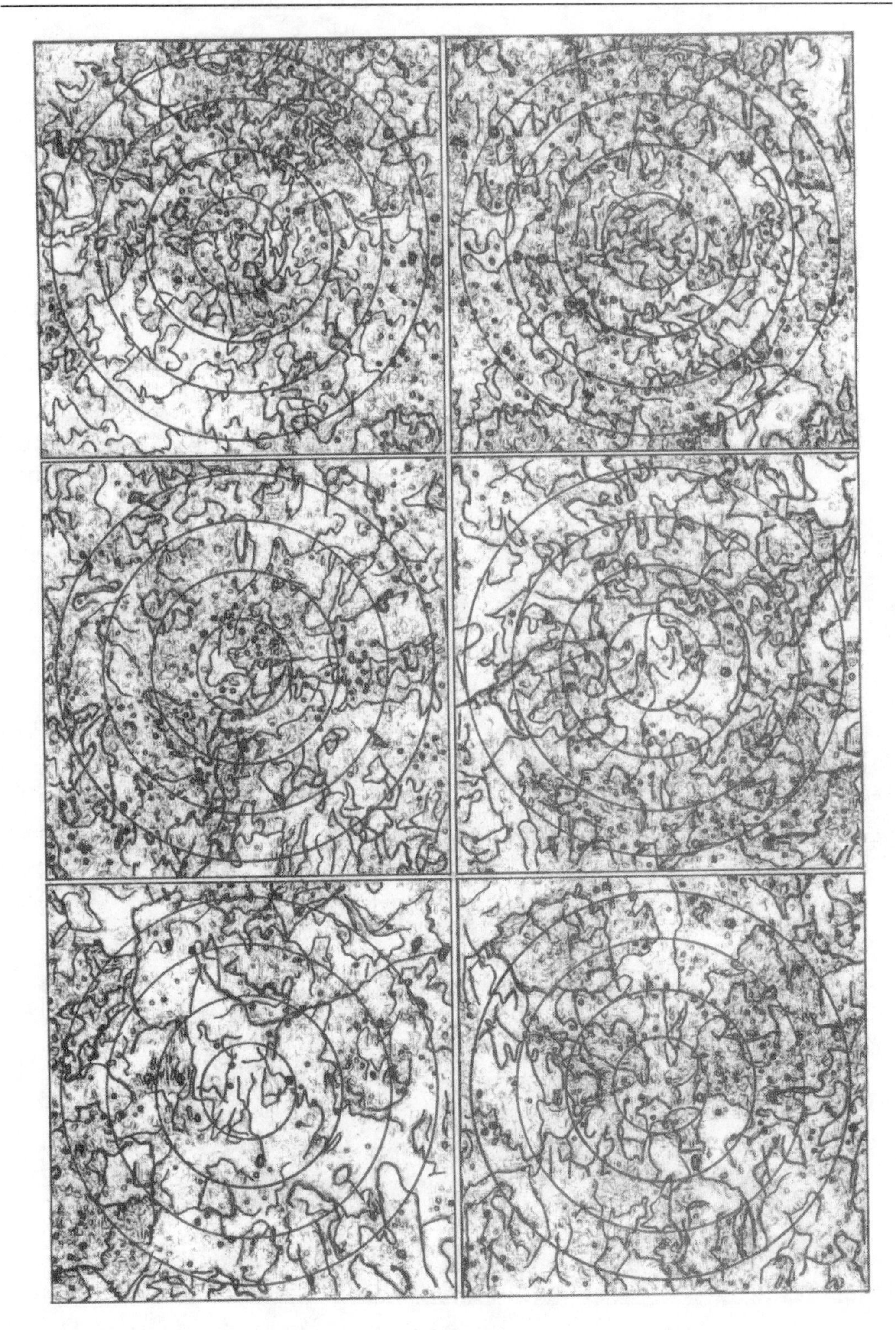

(d)19～24

续图 6-3

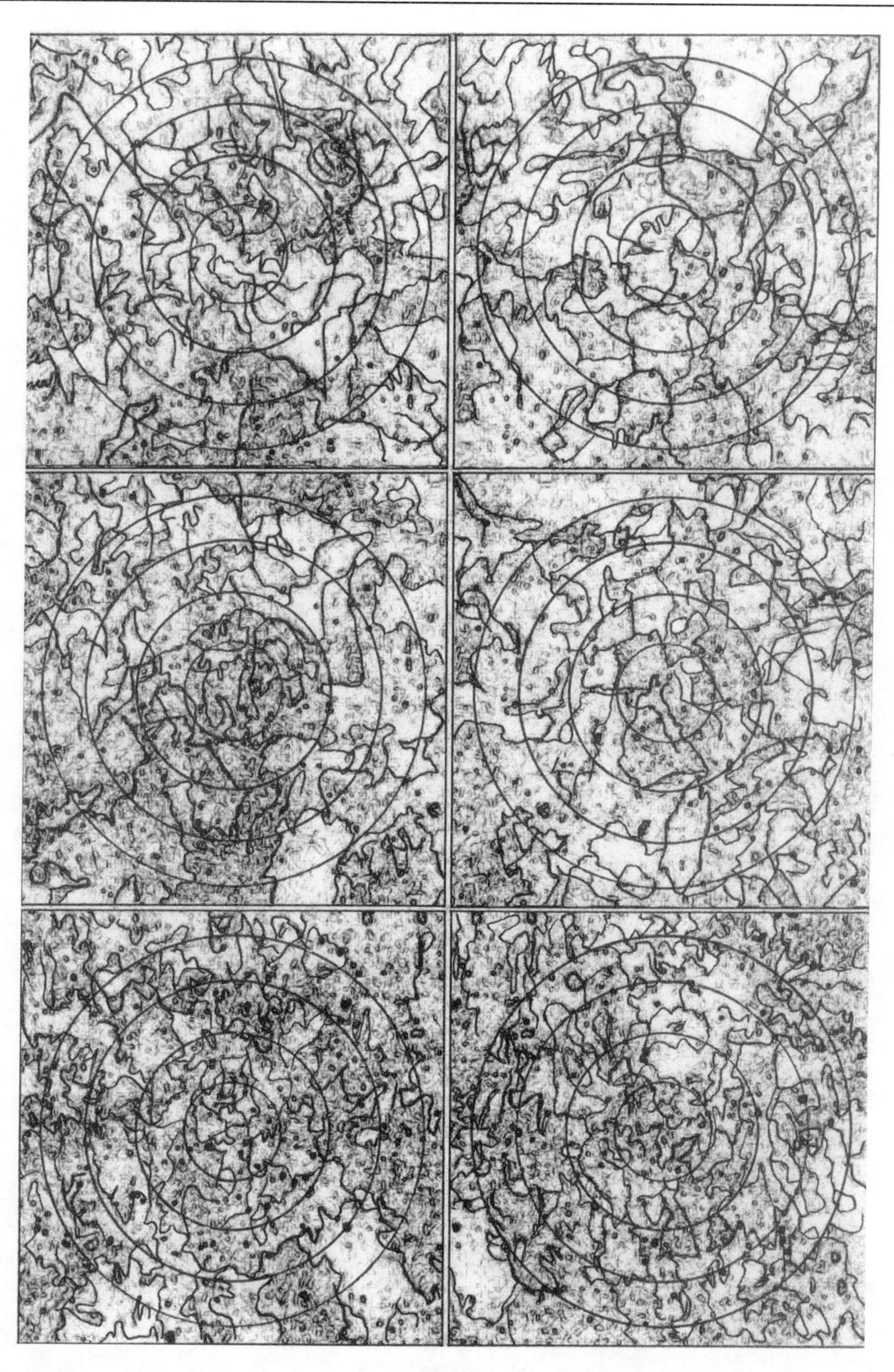

(e)25 ~ 30

续图 6-3

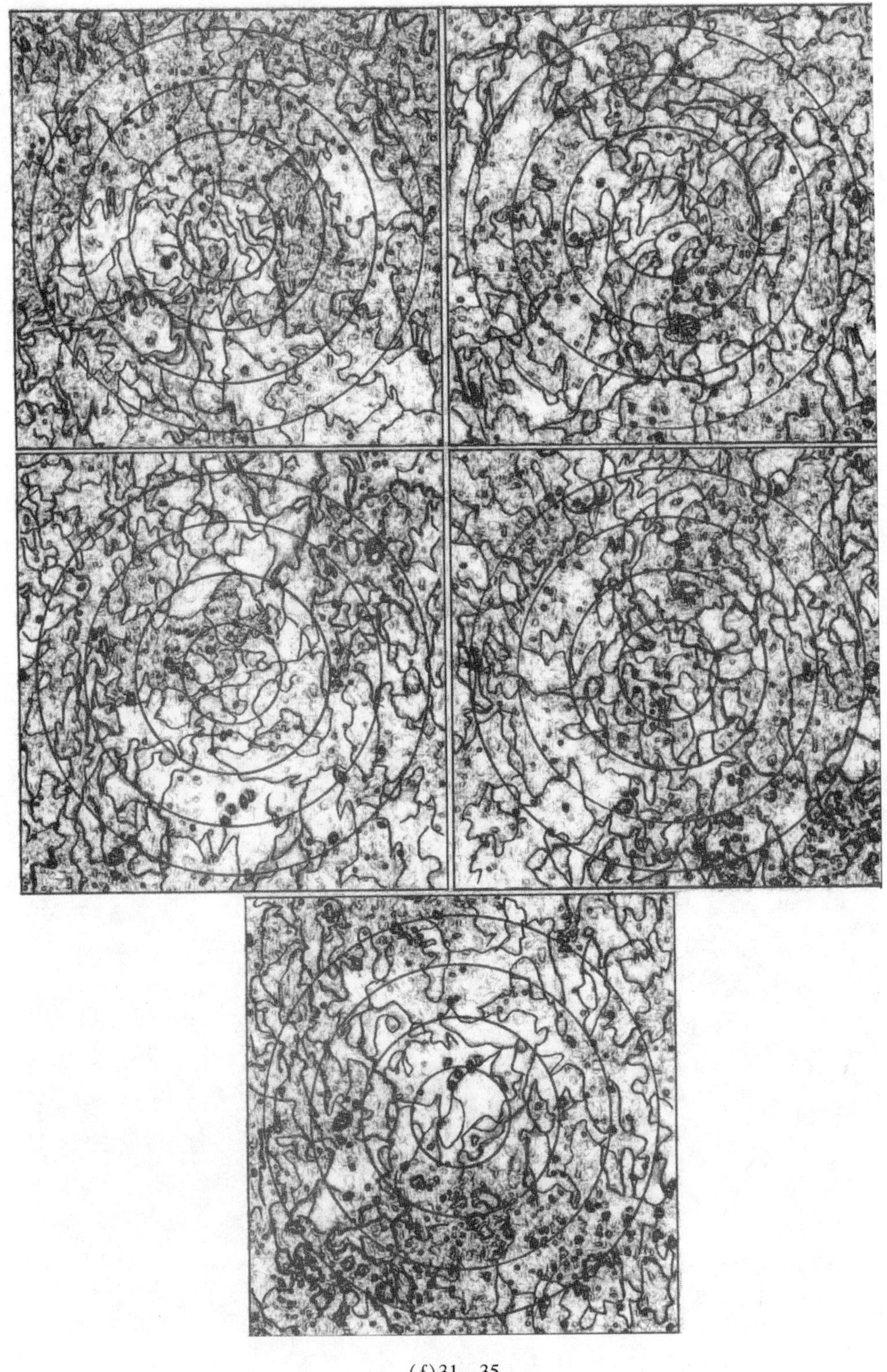

(f)31～35

续图 6-3

(a)1～6

图6-4　砂岩岩体断裂迹线分布图

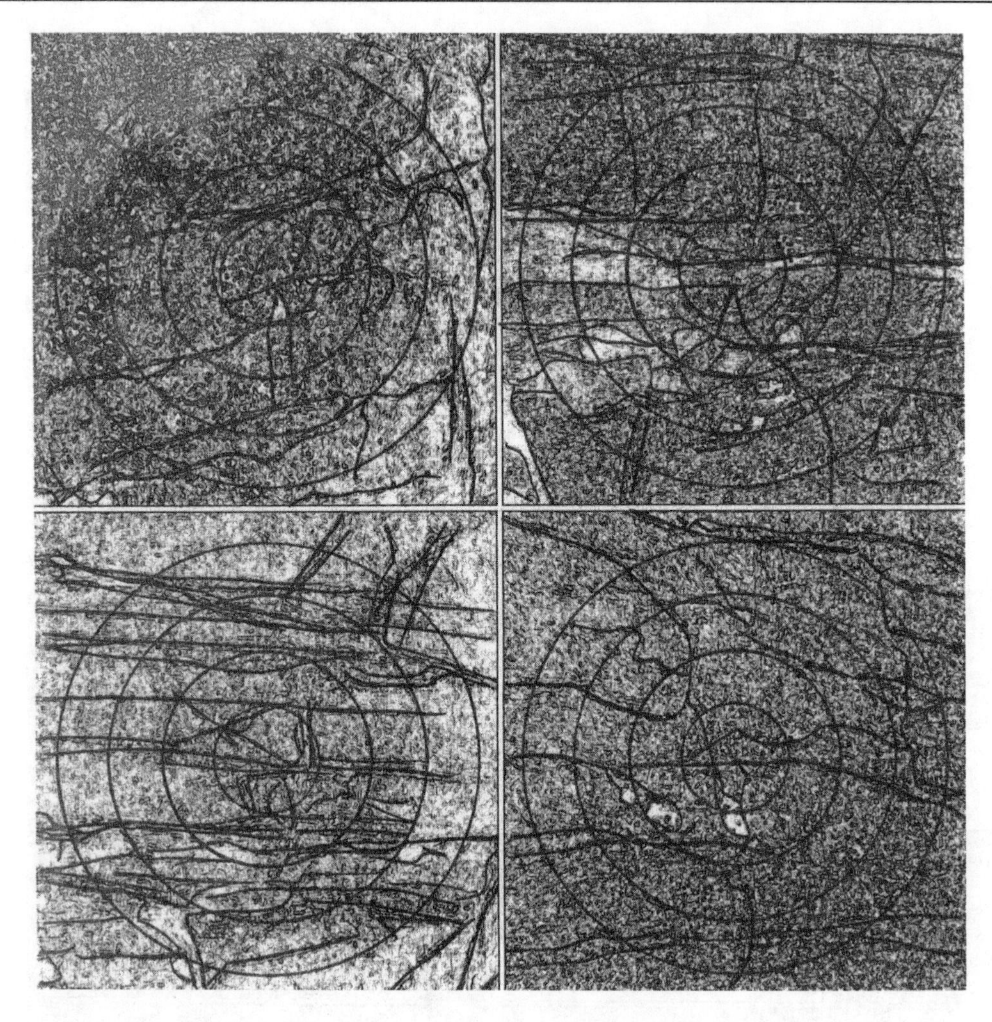

(b)7 ~ 10

续图 6-4

第二节 分形几何法确定岩石节理裂隙分布的无标度区

一、圆与正方形相耦合的分形维数计算方法

有关分形维数的定义方法包括 Hausdorff 维数、自相似维数、盒维数、Lyapunov 维数、Kolmogorov 容量维数、关联维数和谱维数等,网格—视条数分形测量方法与 Kolmogorov 容量维数的定义一致,长度—条数分形测量方法与盒维数定义相一致。其中,自相似维数难以适用于不具严格自相似的几何图形,但盒维数因其容易的数学近似计算和经验估计而得到普遍应用。

设 A 是 n 维欧氏空间的任意非空的有界子集,对每一 $\varepsilon > 0$,$N(A,\varepsilon)$ 表示覆盖 A 的半

径为 ε 的最小闭球数,若极限 $\lim\limits_{\varepsilon\to 0}\dfrac{\ln N(A,\varepsilon)}{\ln\dfrac{1}{\varepsilon}}$ 存在,则称其为 A 的盒维数 D。盒维数的这种形式很实用,因为上述定义中的闭球可以用线段、正方形和立方体等替代。例如,计算平面集 A 的盒维数时,可构造若干边长为 ε 的正方形,计算正方形与平面集 A 相交的个数 $N(A,\varepsilon)$,以 $-\ln\varepsilon$ 为横坐标轴、$\ln N(A,\varepsilon)$ 为纵坐标轴绘出点 $(-\ln\varepsilon,\ln N(A,\varepsilon))$,之后用最小二乘法估计这些点所组成的图形的斜率,斜率值即为平面集的盒维数。

用最小二乘法估计盒维数:

建立 x、y 与 $-\ln\varepsilon$、$\ln N(A,\varepsilon)$ 的对应关系,据盒维数的估计原则,有

$$y_i = Dx_i + c \quad (i = 1,2,3,\cdots,m,m\text{ 为计算点数}) \tag{6-1}$$

式中　D——盒维数;

c——待定系数。

构造误差的平方和函数:

$$f(D,c) = \sum_{i=1}^{m}(y_i - Dx_i - c)^2 \tag{6-2}$$

令其取值最小的 (D,c) 即为最小二乘解。对式(6-2)求偏导数并令其为0,此时对应的 f 值为最小:

$$\begin{cases}\dfrac{\partial f}{\partial D} = 2\left[\sum\limits_{i=1}^{m}(y_i - Dx_i - c)\cdot(-x_i)\right] = 0\\[2ex]\dfrac{\partial f}{\partial c} = 2\left[\sum\limits_{i=1}^{m}(y_i - Dx_i - c)\cdot(-1)\right] = 0\end{cases} \tag{6-3}$$

解得盒维数为

$$D = \frac{m\sum\limits_{i=1}^{m}x_iy_i - \sum\limits_{i=1}^{m}x_i\sum\limits_{i=1}^{m}y_i}{m\sum\limits_{i=1}^{m}x_i^2 - \left(\sum\limits_{i=1}^{m}x_i\right)^2} \tag{6-4}$$

B. B. Mandelbrot 于1977年提出应用圆覆盖法研究断裂带的分形特征。谢和平根据断口分析资料,应用分形理论描述了岩石断口的不规则性,建立了穿晶、沿晶界和二者相耦合的微观断裂分形模型,建立了分维与岩石宏观力学量之间的初步对应关系,但是对其分维的提取是基于对岩石断口岩石岛面积和周长的统计资料的分析。

岩石破裂断口轮廓在一定尺度范围内具有自相似性,其断口形貌分维的测定方法主要有切岛法、修正的切岛法、尺度法、修正的尺度法及标准偏差法。

切岛法是将岩石破裂断口喷金后抛光磨平,以得到这些小岛的周长和面积,即考察一个切岛的分维,实际上是断口轮廓形态等高线的分维,故不能说明研磨厚度的变化特征;修正的切岛法考察 n 个切岛的分维平均;尺度法以岩石破裂断口上任一剖面线形态的分维数越大则剖面线形态越复杂为原则;修正的尺度法是在曲线的水平方向上用码尺测量,而不是用码尺沿剖面轨迹去度量;标准偏差法用于计算岩石断口表面剖面线自仿射分形的分维值,认为断口形态是自仿射分形结构。

本书首次提出用圆与正方形相耦合的覆盖法计算分形盒维数,并用以研究岩石断口

的分形特征，部分克服了传统的提取分数维方法的局限性：以多组同心圆对研究对象进行覆盖，可以降低覆盖区域内节理裂隙统计在方向或角度上的离散性或不均匀程度，是比较合理的，分形尺度为圆的半径 r_i；从空间角度出发，岩石节理裂隙痕迹和断裂迹线等，尤其是断口边痕，均为三维立体赋存状态甚至存在嵌套结构，不同层面上的迹线将以不同的灰度线投影到圆覆盖统计平面上，解决了常规统计中迹线易于遗漏的问题；充分考虑到圆覆盖区域内断口边痕、节理裂隙痕迹和断裂迹线的弯曲，统计各圆覆盖区域内实际长度为 $\sqrt{2}r_i \sim 2r_i$ 的断口边痕、节理裂隙痕迹和断裂迹线的条数 N，较以往近似直线的统计方法更具合理性；建立 x、y 与 $-\ln\varepsilon$、$\ln N(A,\varepsilon)$ 的对应关系，据上述盒维数的估计原则用最小二乘法计算得盒维数 D。由于这种分形维数的计算方法是以圆覆盖为基础，以圆的内接正方形的边长作为统计裂隙长度的下限，故称之为圆与正方形相耦合的分形维数计算方法。

微观（细观、宏观同）尺度岩石断口边痕的分形统计示意图如图 6-5 所示。

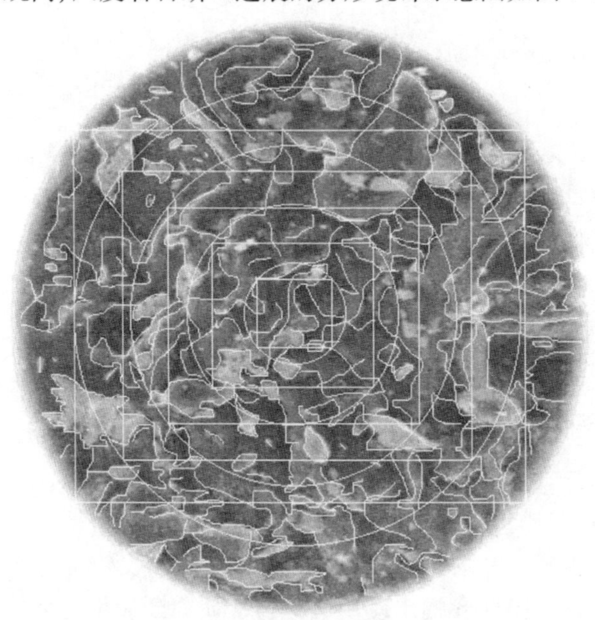

图 6-5　微观尺度岩石断口边痕的分形统计示意图

图 6-5 中 r 取值分别为 1、2、3、4、5，对应各圆覆盖区域内长度介于 $\sqrt{2}r \sim 2r$ 的断口边痕条数 N 分别为 8、6、5、3、1，采用前述圆与正方形相耦合的分形维数计算方法计算，得该岩石断口边痕分布图的分形盒维数 $D = 1.093\,5$。

二、确定岩石节理裂隙分布的无标度区

运用圆与正方形相耦合的分形维数计算方法，计算岩石（体）试验断口边痕线和节理裂隙迹线分布的分形维数，结果见表 6-3。绘制微观、细观、宏观三个尺度层次的岩石（体）分维值分布图，如图 6-6 所示。

表 6-3　岩石微观、细观、宏观节理裂隙分布的分形维数

状态	样本及其分数维											平均分维
微观	序号	1	2	3	4	5	6	7	8	9	10	1.058 27
	分维	1.187 62	1.248 21	1.000 03	0.886 27	1.026 90	0.993 45	1.248 21	1.107 59	1.000 88	1.107 59	
	序号	11	12	13	14	15	16	17	18	19	20	
	分维	1.187 62	1.248 21	1.087 71	1.134 49	1.107 59	0.907 14	0.936 08	0.973 98	1.247 45	0.886 27	
	序号	21	22	23	24	25	26	27	28	29	30	
	分维	1.107 59	1.026 90	0.842 22	0.810 54	0.973 98	0.966 97	1.026 90	1.247 45	1.026 90	0.893 30	
	序号	31	32	33	34	35	36	37	38	39	40	
	分维	1.134 49	1.187 62	1.248 21	0.842 98	1.026 90	1.000 88	0.973 98	1.107 59	1.114 60	1.247 45	
细观	序号	1	2	3	4	5	6	7	8	9	10	1.036 27
	分维	0.987 83	1.248 21	1.026 90	1.087 71	0.973 98	0.842 22	1.371 78	1.268 31	1.285 47	1.187 62	
	序号	11	12	13	14	15	16	17	18	19	20	
	分维	1.134 49	0.893 30	1.134 49	1.247 45	1.026 90	0.622 54	1.247 45	1.107 59	0.709 37	1.361 17	
	序号	21	22	23	24	25	26	27	28	29	30	
	分维	0.842 98	0.973 98	0.842 22	0.936 08	0.886 20	1.114 60	0.842 22	0.869 11	1.264 61	0.893 30	
	序号	31	32	33	34	35						
	分维	0.869 11	0.859 38	1.247 45	0.842 22	1.221 31						
宏观	序号	1	2	3	4	5	6	7	8	9	10	1.051 52
	分维	1.187 62	1.087 71	1.107 59	1.000 88	0.907 14	1.248 21	1.155 35	0.890 74	0.842 22	1.087 71	

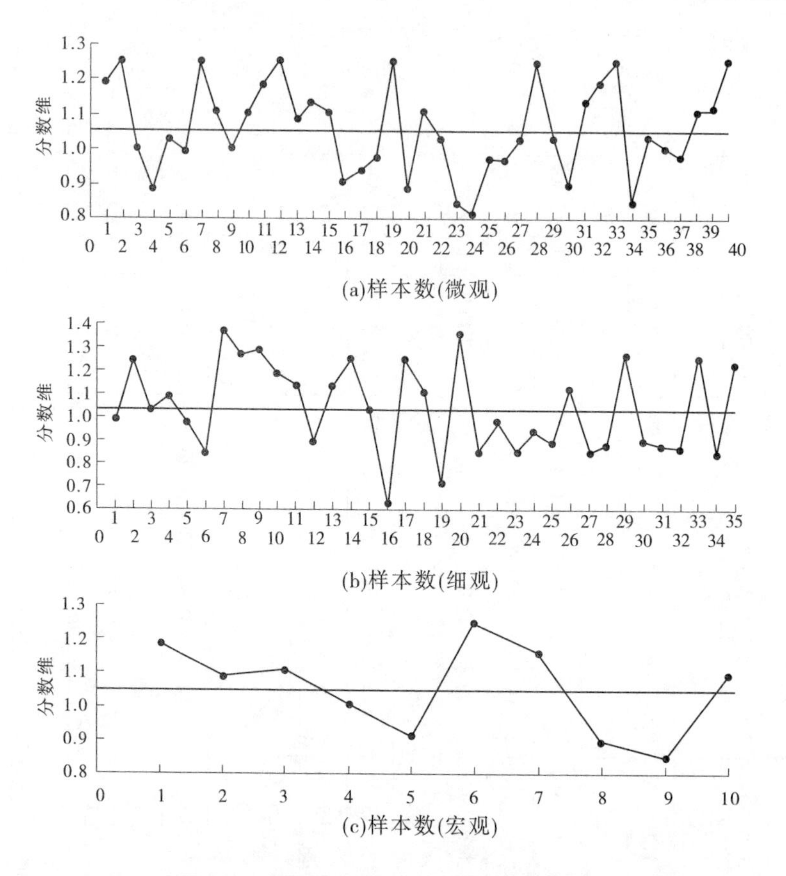

图 6-6　岩石微观、细观、宏观分维值分布图

根据前述分形维数与系统复杂程度之间的对应关系，上述重构相空间的维数为分数，表明分形维数可以用于岩石节理裂隙系统复杂程度的定量描述。分形维数与系统复杂程度间的关系为 D 越高则复杂程度越高，即分数维越低时，岩石节理裂隙的分布越简单。对煤矿断裂网格复杂程度的分维研究成果见表 6-4，可见分维值越低时岩体的平均断裂迹线条数越少、矿井断裂系统越简单，对应的区域岩体质量越好。

表 6-4　断裂网格复杂程度的分数维评价分级表

复杂程度分级	简单	较简单	中等	较复杂	复杂
D	<1.25	[1.25,1.35)	[1.35,1.45)	[1.45,1.55)	≥1.55
平均断裂迹线条数 (最大～最小)	7.25 (11～4)	11.43 (18～6)	11 (18～6)	22.71 (33～13)	30.4 (42～17)

王在泉对灰岩岩体结构分维值与岩体质量关系的研究也表明，分维值越低时，岩体的质量越好，分维值为 1.25 是灰岩岩体质量好与较好的定量分界点。可见本书所研究的砂岩节理裂隙分布的复杂程度比较低，岩石（体）质量较好。

对 40 组微观断裂构造分布图、35 组细观断裂构造分布图和 10 组宏观断裂构造分布图进行的分形特征研究，得到了岩石断裂构造分布在微观层次上的分形维数范围为 0.810 54～1.248 21，平均为 1.058 27；岩石断裂构造分布在细观层次上的分形维数范围为 0.622 54～1.371 78，平均为 1.036 27；岩石断裂构造分布在宏观层次上的分形维数范围为 0.842 22～1.248 21，平均为 1.051 52。可见微观、细观和宏观三个尺度层次的分形维数平均值几乎相等，表明岩石不仅在单一尺度范围内的断裂构造分布具自相似性，而且微观、细观和宏观三个尺度层次之间的岩石断裂构造分布亦具有较强的自相似性，即岩石的断裂破坏机制存在无标度区域。研究涉及的微观、细观和宏观研究尺度分别为 0.002 mm、0.05 mm 和 4 000 mm，因此得到岩石断裂机制研究的无标度区域为 0.002～4 000 mm，即可以跨越约 6 个数量级的尺度界限研究岩石断裂机制问题。在微观、细观和宏观尺度的节理裂隙分布无标度区域 0.002～4 000 mm 内，分形维数的平均值为

$$D_m = \frac{1.058\ 27 + 1.036\ 27 + 1.051\ 52}{3} = 1.048\ 69 \tag{6-5}$$

在无标度区域内，产生于微观（细观）的岩石节理裂隙破坏机制准则，可以用于解决细观（宏观）的问题，例如已知节理裂隙特性和完整岩体的力学特性，即可由岩体的损伤预测其强度，为解决岩体力学中的尺度效应问题提供了可行途径。岩体结构模型可按照非连续面的发育程度简化为碎块体、裂隙介质和连续介质，细观尺度上的岩石呈现非连续性特征，但应用的岩石本构关系却是建立在连续介质力学假设基础上的应力应变关系，对这一矛盾的普遍解释是：岩石在其受力变形过程中的宏观表现为连续介质的力学特性，因此岩石力学的本构关系可以应用。显然本书研究成果为岩石力学本构关系的适用性研究提供了条件，因为在无标度区域内的节理裂隙分布规律具有尺度不变性，即基于连续介质力学的应力应变关系在无标度区域内适用于非连续岩石力学研究。

第三节　基于标度不变性的岩石节理裂隙分布预测模型

相应于微观、细观和宏观的每种研究尺度，均分别按照其 1/4、1/2、3/4 和 1 倍关系统计节理裂隙迹线条数，以用于分数维的最小二乘法求算，因此在统计规律上具有一致性。定义对应于一定尺度层次的比率为尺度比 n，它反映了研究尺度与客观尺度的比例关系。微观、细观和宏观尺度状态下平均节理裂隙条数在不同 n 值下的分布统计见表 6-5。

表 6-5　不同尺度及不同尺度比条件下平均节理裂隙条数的分布统计　（单位：条）

尺度比 n（%）	研究尺度 L（mm）（样本数）			平均节理裂隙条数
	0.002（40）	0.05（35）	4 000（10）	
25	5.95	6.457	6.1	6.17
50	3.5	3.629	4	3.71
75	3.075	3.086	2.8	2.99
100	1.125	1.343	1.3	1.26

由表 6-5 可见,不同尺度、相同尺度比条件下,平均节理裂隙条数的分布规律相近,又因为尺度比是一个等同于约化处理的无量纲标量,也是一相对指标,因此对所有数据进行统计分析将可能找到普遍规律。根据无标度区内节理裂隙分布的尺度不变性,对微观、细观、宏观三个尺度层次 85 个试件的 340 组节理裂隙条数统计值进行回归分析,建立节理裂隙分布(条数)预测模型为

$$N = 7.3959 - 8.9043n \tag{6-6}$$

式中　N——节理裂隙条数;

　　n——尺度比。

式(6-6)定量表达了砂岩节理裂隙条数与尺度比之间的关系,回归相关系数为 0.974 8。其意义在于,在无标度区内给定一种尺度时,可以根据该预测模型得到一定尺度比条件下的节理裂隙条数,为定量描述岩体结构的数学模型研究开辟了新途径。在本书研究基础上增大样本采集密度,即缩小尺度层次间隔,同时扩大研究尺度的范围,进一步的工作将完善该数学模型,提高其应用于定量描述岩体结构的广度和精度。因此,基于本研究成果,不同岩石节理裂隙条数与尺度比之间呈线性下降的关系,即

$$N = a - bn \tag{6-7}$$

式中　a、b——与岩石破坏机制相关的系数,可以通过试验方法与统计分形研究得到。

第七章　石灰岩断口细观复杂程度的分形几何学分析

岩石是由多种矿物晶粒、孔隙和胶结物组成的复合体,在长期地质构造过程中,其内部形成了大量不同阶次的随机分布的微观孔隙和裂纹等缺陷,在单调加载或重复加载下岩石的微缺陷导致其黏聚力减弱,微裂纹、微孔隙发育贯穿,材料逐渐劣化并导致最终破坏。在宏观尺度上,天然岩体又被多种地质构造面(节理、断层和弱面等)所切割,表明岩石是一种很特殊的复杂材料,实质上是似连续、似破断介质。隧道工程的稳定性取决于围岩的性质、产状及其应力环境等,隧道工程围岩在现场处于单轴、三轴压缩工作状态,虽然与其赋存深度及构造应力场等有关,但仍然可以通过室内试验近似再现其破坏过程。而岩石是结构极其复杂的非连续和非均质体,无论从微观到宏观都呈现出强烈的非连续、非均质特性,表现出非线性、各向异性、随机性和流变性等复杂力学行为。因此,对隧道围岩损伤破坏机制的跨尺度空间应用问题的研究,具有必要性。将岩石损伤破坏断口表面视为具有统计自相似分形特征,则可以用分形几何学理论定量地刻画断口的复杂程度,从而探讨隧道工程围岩在工作状态下的细观损伤破坏机制。

分形几何学理论自诞生以后,在数学、物理、化学、计算机、水利、土木、化工、生态、大气及地震等领域得到迅速发展,作为研究非线性复杂岩石动力学系统演化特性的一种有效方法,得到越来越广泛的应用。正分数维 D 可应用于定量描述动力学系统几何结构和物理空间结构的破碎度,是定量评价系统复杂程度的重要指标,即 D 越大,系统的复杂程度越高、几何体的构造越复杂或越支离破碎。杨圣奇等从岩石内部微缺陷分布的随机性出发,结合 Weibull 分布定义损伤变量,建立了岩石单轴压缩下的损伤统计模型。曹文贵等将连续损伤理论与概率论结合,从岩石微元强度服从某种随机分布角度出发,建立了在围压下岩石损伤软化的统计模型。谢和平等研究表明,材料的最终宏观断裂破坏与其内部微裂隙的发育和聚集有密切的联系,断裂表面是材料损伤破坏后留下的关于断裂过程的记录。在断口上蕴藏着关于损伤破坏机制的信息,通过研究断裂表面可以追溯其产生的原因。岩石破坏后的断口具有自相似的分形特征,用分数维可以对岩石断口的复杂程度进行定量描述。刘树新等基于 Mohr - Coulomb 准则和岩石微元强度服从 Weibull 随机分布的特点,在损伤本构模型中引入分形参数,对岩石单轴压缩试验进行了研究。

对石灰岩进行试验室内单轴、三轴压缩试验,得到应力—应变时间序列及岩石损伤破坏试验断口;对不同围压条件下压缩破坏的试验断口进行扫描电镜取像试验,计算石灰岩断口细观尺度下的分数维,以定量追溯其损伤破坏特征。得到围压提高(< 20 MPa)后的压缩破坏过程趋向复杂、岩石破坏断口分数维增大的一般规律;当围压增加到岩石单轴抗压强度的约 2/3 时,高围压引发的径向新损伤主导了后期压缩过程,致使最终破坏原因趋于简单,岩石破坏断口分数维降至最低。在连续损伤力学的基本关系式中引入分数维约化指标,构建了描述石灰岩细观破坏特征的分形损伤统计模型。同应力—应变关系的试

验结果比较，分形损伤理论模型符合试验关系曲线，能理想地反映石灰岩三轴压缩试验结果的应变软化特性，是对岩石细观损伤破坏特征的有益探讨。

第一节　石灰岩细观损伤破坏的分形特征

一、岩石力学性质试验

试验用石灰岩的赋存深度为506 m，取样、运输并加工成近似标准试件。尺寸为ϕ47 mm×88 mm的圆柱形试件应用于单轴压缩试验，尺寸为ϕ47 mm×92 mm的试件应用于围压为20 MPa三轴压缩试验，尺寸为ϕ48 mm×92 mm的试件应用于围压为40 MPa三轴压缩试验。设计试验在SAW－2000型微机控制电液伺服岩石三轴试验机上进行，该试验机采用3套德国DOLI－EDO公司的EDC控制器，以及MOOG公司的D633比例伺服阀共同完成试验过程。试验机刚度高（2×10^{10} N/m）、响应频率快，能自动控制及测量试验参数，并绘制出应力—应变曲线。岩石力学性质试验得到的石灰岩损伤破坏断口，用于细观尺度层次下的扫描电镜取像试验。石灰岩基本力学参数见表7-1。

表7-1　石灰岩基本力学参数

试件尺寸（mm）	围压（MPa）	强度极限（MPa）	极限应变（$\times10^{-3}$）	E（MPa）	μ
ϕ47×88	0	59.286	2.857	31 150	0.33
ϕ47×92	20	61.004	2.567		
ϕ48×92	40	57.937	2.926		

二、岩石损伤破坏断口的扫描电镜取像试验

采用日本电子株式会社的JSM－6510LV高低真空扫描电镜，获取压缩试验破坏后的石灰岩断口图像，设计各类试验断口的放大倍数分别为200倍、500倍、1 000倍、2 000倍及4 000倍，显然属于细观尺度层次。石灰岩单轴压缩试验断口的扫描电镜图像，如图7-1所示；围压20 MPa时石灰岩三轴压缩试验断口的扫描电镜图像，如图7-2所示；围压40 MPa时石灰岩三轴压缩试验断口的扫描电镜图像，如图7-3所示。

三、岩石损伤破坏的细观分形特征

首先用Photoshop对扫描电镜图像进行滤镜处理，然后采用盒子计数法计算滤镜图像的分数维。作者采用C++语言对盒子计数法原理编程“RELEASE”，实现了滤镜图像输入后分数维的直接输出，得到不同围压压缩试验石灰岩断口在细观尺度下的分数维（见表7-2）。

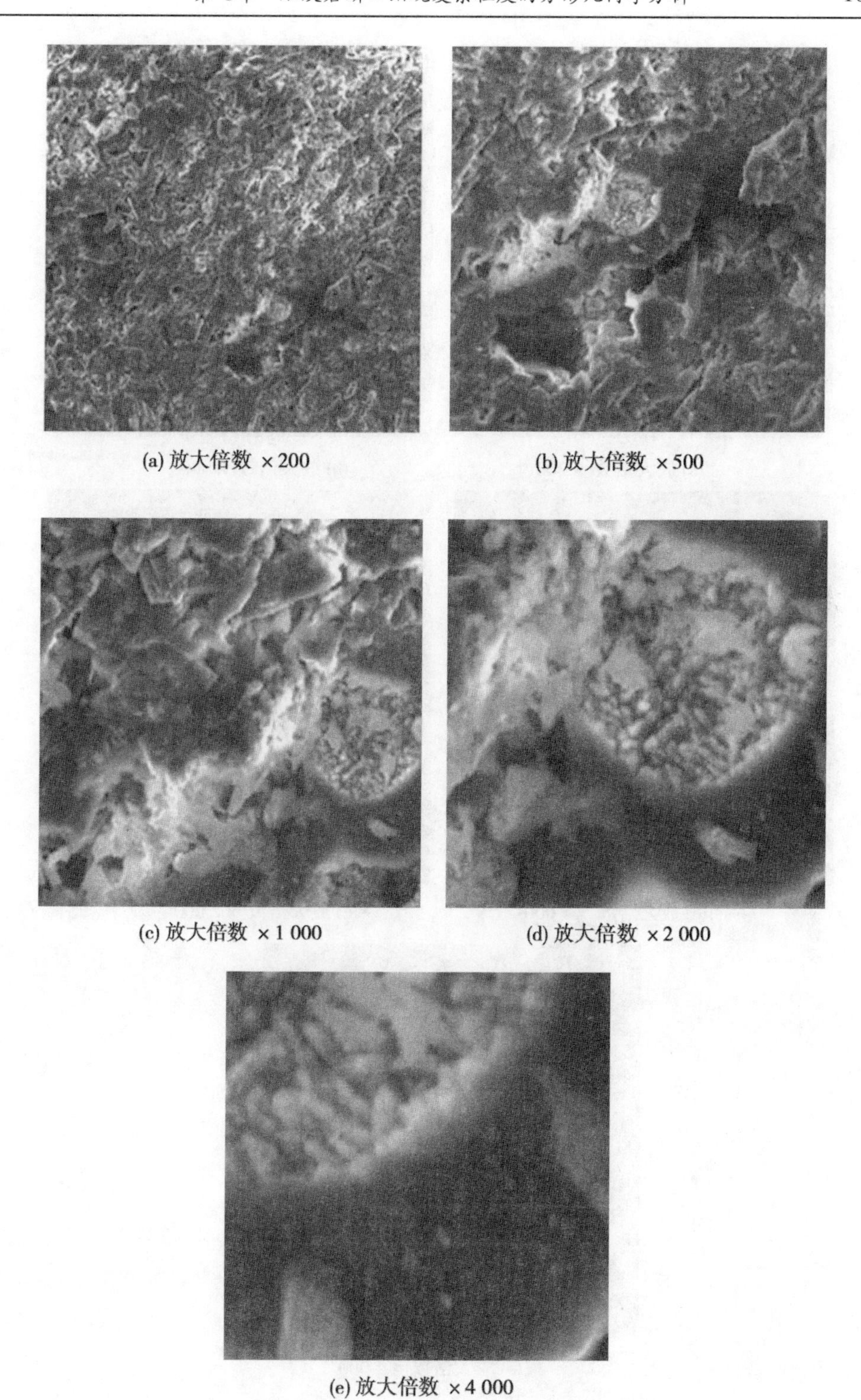

(a) 放大倍数 ×200

(b) 放大倍数 ×500

(c) 放大倍数 ×1 000

(d) 放大倍数 ×2 000

(e) 放大倍数 ×4 000

图 7-1　石灰岩单轴压缩试验断口的扫描电镜图像

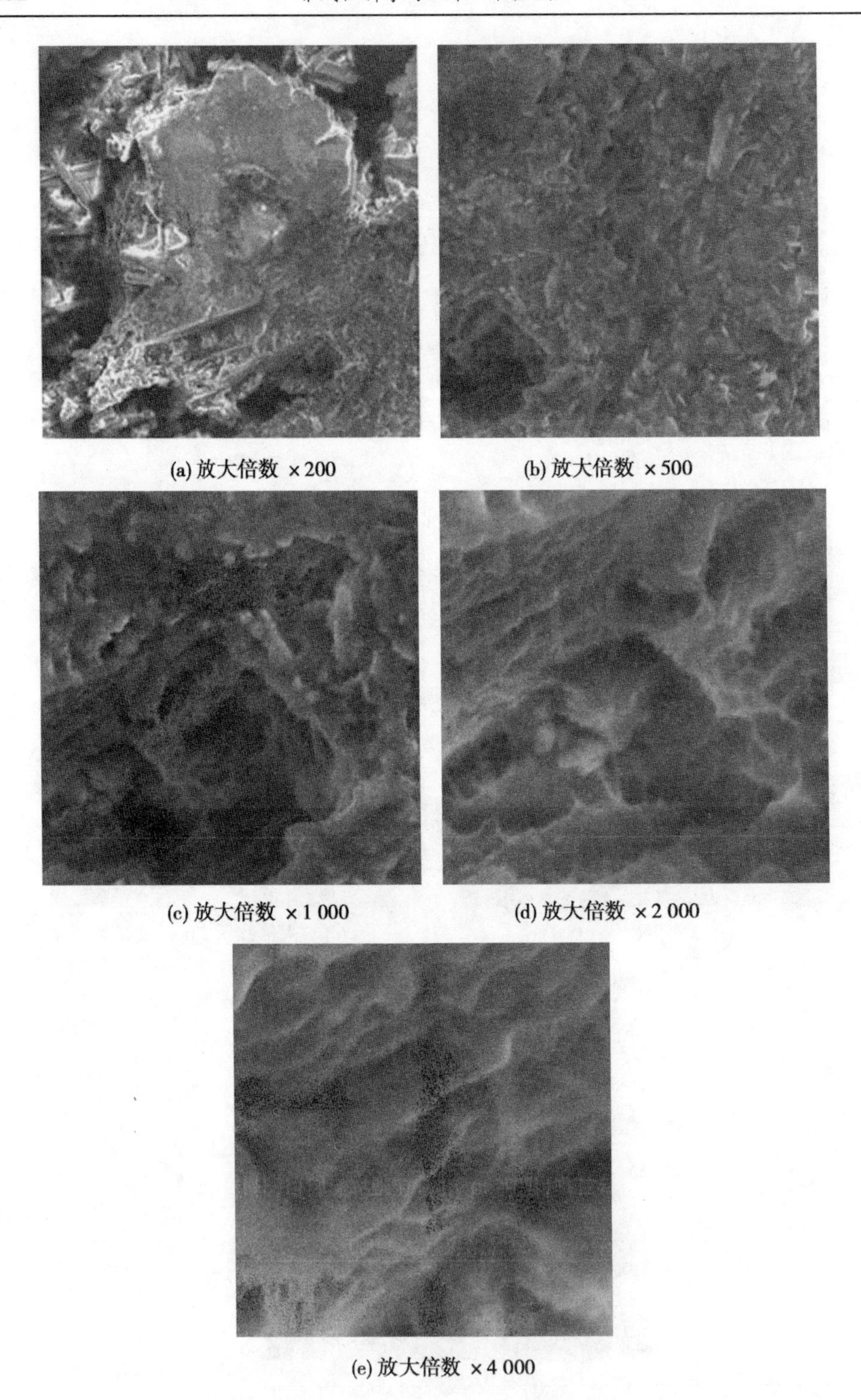

(a) 放大倍数 ×200

(b) 放大倍数 ×500

(c) 放大倍数 ×1 000

(d) 放大倍数 ×2 000

(e) 放大倍数 ×4 000

图 7-2　石灰岩三轴(围压 20 MPa)压缩试验断口的扫描电镜图像

(a) 放大倍数 ×200

(b) 放大倍数 ×500

(c) 放大倍数 ×1 000

(d) 放大倍数 ×2 000

(e) 放大倍数 ×4 000

图 7-3　石灰岩三轴(围压 40 MPa)压缩试验断口的扫描电镜图像

表 7-2 石灰岩破坏试验断口分数维

放大倍数		围压(MPa)		
		0	20	40
分数维	×200	1.942 0	2.015 5	1.970 0
	×500	1.996 0	2.053 7	1.990 4
	×1 000	1.996 7	2.022 7	1.975 1
	×2 000	2.005 8	2.022 4	1.990 0
	×4 000	2.015 0	2.015 5	1.999 0

常规室内岩石三轴试验采用单一围压轴对称应力系统,先对岩石试件施加一恒定的侧压力 $\sigma_2 = \sigma_3$,然后再增加轴向荷载 σ_1 ,直到试件破坏。由表 7-2 可以看出,围压由 0 增加到 20 MPa 时,分数维增大,符合围压提高后的压缩破坏过程趋向复杂、岩石破坏断口分数维增大的一般规律。但当围压增加到 40 MPa 时,预先施加的围压约达到其单轴抗压强度(59.286 MPa)的 2/3,已经对试件造成了径向新的明显损伤,在此损伤的基础上试件压缩破坏所需的竖向荷载仅为 57.937 MPa,即高围压引发的新损伤主导了后期压缩过程,破坏原因简单,致使岩石破坏断口分数维基本降至最低。同时,各级放大倍数所对应的同尺度下的最大分数维,均出现在围压为 20 MPa 时岩石的压缩破坏断口上,是进行分数维约化处理的基础。

第二节 石灰岩损伤分形统计本构模型

一、单轴压缩试验分形损伤统计本构模型

岩石是一种复杂的非均质材料,其内部随机分布着大量的微裂纹、微孔隙等缺陷。假设岩石强度服从 Weibull 分布,其概率密度函数为

$$P(\varepsilon) = \frac{m}{F}\left(\frac{\varepsilon}{F}\right)^{m-1} \exp\left[-\left(\frac{\varepsilon}{F}\right)^{m}\right] \tag{7-1}$$

式中 ε ——岩石试件的应变;

m、F ——Weibull 分布参数,反映岩石材料的力学性质,可由试验确定。

岩石材料的损伤由内部微元体破坏引起,设在某一级荷载作用下已破坏的微元体数目为 N_t ,与微元体总数 N 之比即为损伤变量 D 。所以,在任意区间 $[\varepsilon,\varepsilon + \mathrm{d}\varepsilon]$ 内产生破坏的微元体数目为 $NP(x)\mathrm{d}x$,当加载到某一水平 ε 时,已破坏的微元体数目为

$$N_t(\varepsilon) = \int_0^{\varepsilon} NP(x)\mathrm{d}x = N\left\{1 - \exp\left[-\left(\frac{\varepsilon}{F}\right)^{m}\right]\right\} \tag{7-2}$$

将式(7-2)代入 D 的表达式,得

$$D = 1 - \exp\left[-\left(\frac{\varepsilon}{F}\right)^{m}\right] \tag{7-3}$$

根据连续损伤力学的基本关系式，有

$$\sigma = E\varepsilon(1 - \delta D) \tag{7-4}$$

式中　E——弹性模量；

δ——从0到1变化的系数。

现将式(7-4)中的系数δ，用分数维约化处理后的数值f代替，即令f = 分数维/同尺度层次最大分数维，得

$$\sigma = E\varepsilon(1 - fD) \tag{7-5}$$

用分数维约化处理后的数值代替损伤变量的系数，即通过分数维来调节损伤变量的变化，建立了分数维与损伤程度之间的关系。而断口上蕴藏的关于损伤破坏机制的信息，可以通过分形几何学理论定量描述其复杂程度的途径追溯，定量评价的石灰岩断口复杂程度越高，表明其损伤程度越高。

将式(7-3)代入式(7-5)，得

$$\begin{aligned}\sigma &= E\varepsilon\left\{1 - f + f\exp\left[-\left(\frac{\varepsilon}{F}\right)^m\right]\right\} \\ &= E\varepsilon - fE\varepsilon + fE\varepsilon\exp\left[-\left(\frac{\varepsilon}{F}\right)^m\right]\end{aligned} \tag{7-6}$$

式(7-6)即为单轴压缩下岩石材料的分形损伤统计本构模型。

二、三轴压缩试验分形损伤统计本构模型

对于三轴压缩条件下的岩石材料，有连续损伤力学的基本关系式：

$$\sigma = E\varepsilon(1 - \delta D) + \mu(\sigma_2 + \sigma_3)\delta D \tag{7-7}$$

式(7-7)考虑了侧压力的影响。将式(7-7)中的系数δ替换为分数维约化指标f、损伤变量D替换为$\left\{1 - \exp\left[-\left(\frac{\varepsilon}{F}\right)^m\right]\right\}$，同时由于本书研究的是常规三轴试验，可令$\sigma_2 = \sigma_3$，得

$$\begin{aligned}\sigma = {}& E\varepsilon(1 - f) + fE\varepsilon\exp\left[-\left(\frac{\varepsilon}{F}\right)^m\right] + \\ & 2\mu\sigma_2 f\left\{1 - \exp\left[-\left(\frac{\varepsilon}{F}\right)^m\right]\right\}\end{aligned} \tag{7-8}$$

式(7-8)即为三轴压缩下岩石材料的分形损伤统计本构模型。

式(7-8)中的$2\mu\sigma_2 f\left\{1 - \exp\left[-\left(\frac{\varepsilon}{F}\right)^m\right]\right\}$表示随着轴向荷载的施加，围压引发的试件内部损伤对轴压的影响。参数m、F可以通过三轴压缩应力—应变曲线的峰值强度点(ε_c,σ_c)确定，因峰值强度点处的斜率为0，所以有

$$\begin{aligned}\frac{d\sigma}{d\varepsilon}\Big|_{\varepsilon=\varepsilon_c} = {}& E(1 - f) + fE\left[1 - m\left(\frac{\varepsilon_c}{F}\right)^m\right]\exp\left[-\left(\frac{\varepsilon_c}{F}\right)^m\right] - \\ & 2\mu\sigma_2 f\exp\left[-\left(\frac{\varepsilon_c}{F}\right)^m\right]\left(-m\frac{\varepsilon_c^{\,m-1}}{F^m}\right)\end{aligned} \tag{7-9}$$

联立式(7-8)、式(7-9)，求解得

$$m = \frac{2\mu\sigma_2}{E\varepsilon_c} - \frac{(E\varepsilon_c - 2\mu\sigma_2)(1-f)}{[\sigma_c - 2\mu\sigma_2 f - E\varepsilon_c(1-f)]\ln\dfrac{\sigma_c - 2\mu\sigma_2 f - E\varepsilon_c(1-f)}{f(E\varepsilon_c - 2\mu\sigma_2)}} \tag{7-10}$$

$$F = \varepsilon_c\left[\ln\frac{f(E\varepsilon_c - 2\mu\sigma_2)}{\sigma_c - 2\mu\sigma_2 f - E\varepsilon_c(1-f)}\right]^{-\frac{1}{m}} \tag{7-11}$$

第三节　石灰岩损伤分形本构模型实例

一、单轴压缩分形损伤模型的实例验证

石灰岩单轴压缩试验应力—应变时间序列,如图 7-4 中的曲线 B 所示。

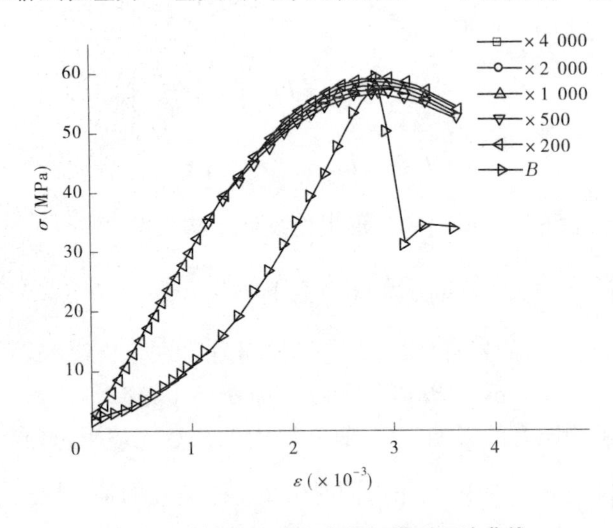

图 7-4　单轴压缩试验曲线与模型理论曲线

分数维约化参数的处理是基于同尺度层次的最大分数维,由表 7-2 中的分数维可以计算得到石灰岩断口各放大倍数所对应的分数维约化参数 f;表 7-1 中的基本力学参数结合 f,可以计算得到建立石灰岩分形损伤统计本构模型的参数 m;表 7-1 中的基本力学参数结合 f 与 m,可以计算得到参数 F。石灰岩单轴压缩细观损伤分形损伤理论模型的计算参数见表 7-3。

表 7-3　石灰岩单轴压缩细观损伤分形损伤理论模型的计算参数

放大倍数	×200	×500	×1 000	×2 000	×4 000
f	0.964 0	0.972 0	0.987 0	0.992 0	0.999 8
m	2.675 8	2.386 5	2.515 3	2.601 7	2.447 4
$F(\times 10^{-3})$	4.459 0	4.456 0	3.602 0	4.528 0	4.538 0

将表 7-3 中的计算参数代入单轴压缩下岩石材料的分形损伤统计本构模型即

式(7-6),得到石灰岩分形损伤统计本构模型,绘制各细观尺度下的应力—应变理论曲线,如图7-4所示。可见5个尺度层次(或放大倍数)下单轴理论曲线的集中程度高,但其与试验曲线 B 的符合程度一般,表明分形损伤理论模型在一定程度上可以反映石灰岩单轴压缩细观损伤破坏过程。

二、三轴压缩分形损伤模型的实例验证

(一)围压20 MPa的三轴压缩试验

围压为20 MPa的石灰岩三轴压缩试验应力—应变时间序列,如图7-5中的曲线 B 所示。

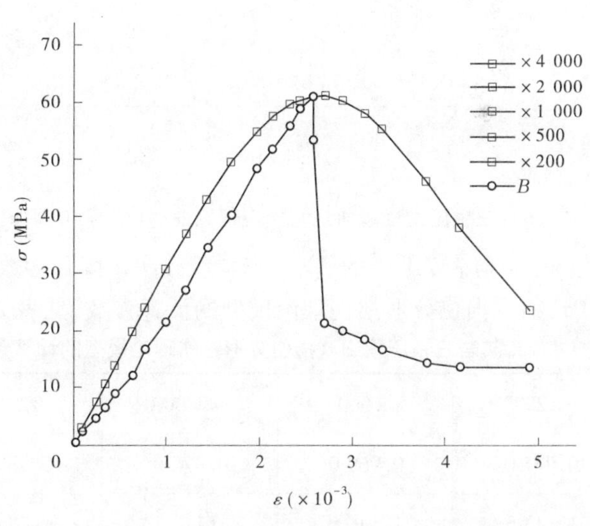

图7-5　三轴压缩试验曲线与模型理论曲线(围压20 MPa)

由表7-2可见,各尺度层次下围压为20 MPa时石灰岩断口的分数维最大,所以各放大倍数所对应的分数维约化参数 f 均为1;仅通过表7-1中的石灰岩力学试验参数,即可计算得到分形损伤统计本构模型建立所需的参数 m;通过参数 m 及表7-1中的基本力学性质,可计算得参数 F。因此,在进行围压为20 MPa的三轴压缩试验时,石灰岩的细观损伤分形理论模型的计算参数中,分数维约化参数 f 为不变量。

将计算参数代入三轴压缩下岩石材料的分形损伤统计本构模型即式(7-8),得到石灰岩分形损伤统计本构模型。由于计算参数 f、m 及 F 均为定值,因此各细观尺度下的应力—应变理论曲线相同,如图7-5所示。比较理论曲线与试验曲线,二者在峰前段符合程度高,表明分形损伤理论模型比较符合试验结果,较好地反映了围压20 MPa时石灰岩三轴压缩细观损伤破坏特征。

(二)围压40 MPa的三轴压缩试验

围压为40 MPa的石灰岩三轴压缩试验应力—应变时间序列,如图7-6中的曲线 B 所示。

由表7-2中的分数维计算得到石灰岩断口各放大倍数所对应的分数维约化参数 f;通过参数 f 结合表7-1中的基本力学参数,计算得到石灰岩分形损伤统计本构模型建立需要

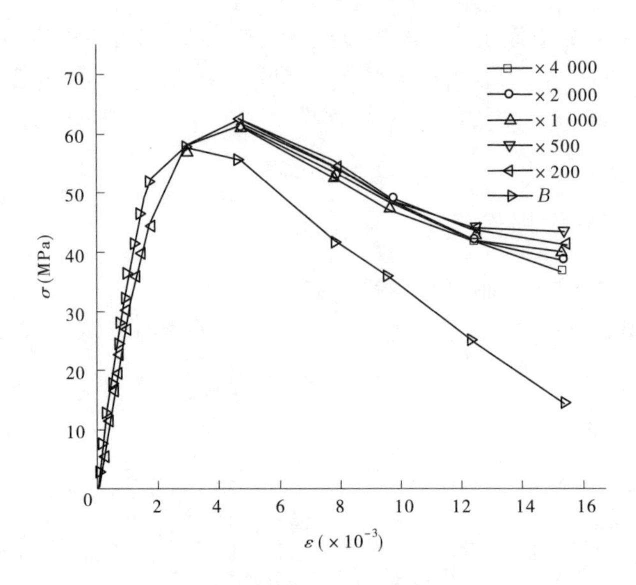

图 7-6 三轴压缩试验曲线与模型理论曲线(围压 40 MPa)

的参数 m;结合参数 f、m 与表 7-1 中的基本力学参数,计算得到参数 F。统计石灰岩三轴压缩(围压 40 MPa)细观损伤分形损伤理论模型的计算参数,见表 7-4。

表 7-4 石灰岩三轴压缩细观损伤分形损伤理论模型的计算参数

放大倍数	×200	×500	×1 000	×2 000	×4 000
f	0.977 0	0.969 0	0.976 0	0.984 0	0.992 0
m	1.113 5	1.146 0	1.117 1	1.084 6	1.052 5
$F(\times 10^{-3})$	3.781 0	3.717 0	3.752 0	3.846 0	3.921 0

将表 7-4 中的计算参数代入三轴压缩下岩石材料的分形损伤统计本构模型即式(7-8),得到石灰岩分形损伤统计本构模型,绘制各细观尺度下的应力—应变理论曲线,如图 7-6 所示。理论曲线与试验曲线比较表明,在进行围压为 40 MPa 的石灰岩三轴压缩试验时,分形损伤理论模型同试验结果的符合程度最高,很好地反映了石灰岩三轴压缩细观损伤破坏过程。

第八章　不同温度影响下混凝土蠕变特性及分形特征

混凝土的塑性好、后期强度高、造价低廉,广泛应用于工业与民用建筑、安全防护工程等。钢筋混凝土材料及其结构虽然不可燃,但在温度作用下会发生一系列物理和化学变化,其性能降低,影响工程结构的安全,因此研究温度对加筋混凝土建筑的影响具有非常重要的实际意义。蠕变是混凝土的重要力学性能,是混凝土材料乃至整个结构在时间作用下是否能够保持安全的关键,因此进行不同温度影响下混凝土材料的单轴压缩蠕变试验,研究混凝土的蠕变特性,具有一定的理论价值。不同温度影响下混凝土蠕变试验的结果很丰富、很复杂,经典牛顿力学理论难以充分利用、准确解释。本章对试验结果中的时间序列、破坏后断口等进行分形几何学分析,以非线性科学手段尝试解释不同温度影响下混凝土的蠕变规律,兼具理论与实用价值。

第一节　混凝土及其工程稳定性的温度环境

一、温度与混凝土工程

随着经济的发展、科技的进步,大多数混凝土结构在建造和实际使用时均处于常温环境中,且上下波动幅度不大,按照现行规范进行设计,既可以满足结构承载能力的要求,也可以满足正常使用要求。然而在某些情况下,混凝土结构也有可能会经受高温环境因素的影响。

矿产资源的开采已经由浅部转向深部,锚喷支护是地下空间支护中应用最广泛、最有效的一种方式,由锚杆、喷射混凝土和围岩共同形成支护结构,能够有效限制围岩的变形。但是在工程实践中,灾害发生的程度与开采深度成正比关系,即随着开采深度的增加,地下空间围岩地温升高、变形增大、流变现象显著等。因此,研究一定温度影响下锚杆—混凝土—围岩结构的力学性能,对控制地下工程的稳定性具有实际意义。

在核工业研究生产过程中,会产生一些具有不同程度放射性的固态、液态和气态的废物,简称"三废"。核废料即指在核燃料生产、加工和核反应堆用过的,不再需要并具有放射性的废料。在核废料的处理中,地质处理需要大量的钢筋混凝土工程,而核废料初期温度为数百摄氏度。当放射性核素含量较高时,释放的热能会使核废料的温度不断上升,甚至会沸腾、熔融。这样就使钢筋混凝土工程不可避免地受到核废料所释放的热量的影响,使混凝土工程面临较高的温度环境。面对存储的核废料,研究钢筋混凝土的温度效应是十分必要的,这对于核废料的安全处置具有重要意义。

清华大学过镇海教授将结构工程中因为温度变化而发生的工程问题分为以下三类:

(1)周期性温度超常。例如高层建筑和超长建筑朝阳面的日晒升温、夏冬季的温度交替等，使建筑物的内部出现温度差；又如大体积混凝土结构凝结过程中水泥水化热的积聚，在结构内部形成不均匀温度场，从而促使混凝土开裂变形，发生内力重分布，影响建筑物的使用功能。

（2）混凝土长期处于超常温环境中。如冶金企业的高温车间，其结构经常处于高温辐射下，温度可达 200 ~ 300 ℃；烟囱因为排放高温烟气，其内衬温度能达 500 ~ 600 ℃，外壳温度能达 100 ~ 200 ℃；核反应堆压力容器和安全壳结构中，局部位置混凝土的温度可达 120 ℃以上。

（3）偶然事故引起的短时间高温冲击。例如，建筑物火灾的延续时间从数十分钟至数小时不等，短时间内温度可达 1 000 ℃以上。化学爆炸、核电事故等，可在很短的时间内达到较高的温度。

二、混凝土材料制备、施工过程中的温度环境

（一）混凝土的温度

混凝土内部的最高温度在绝热条件下是浇筑温度与水泥水化热温度之和。实际环境中，由于混凝土的温度与外界温度有温差，而又做不到完全绝热，所以新浇筑的混凝土与周围环境就会发生热能的交换。模板、外界气候和养护条件等因素，都会改变混凝土所储备的热能，并使其温度发生变动。

（二）混凝土养护温度

混凝土在浇捣之后凝结硬化主要是由于水泥水化的作用，而水化作用需要适宜的温度条件，为了满足混凝土硬化的条件，需要对混凝土进行养护。

（三）混凝土的施工温度

世界上不同国家处在不同的地理位置，这是气温出现地区差异的主要因素。因此，在不同的地理条件下，混凝土在施工过程中不可避免地面临不同的温度环境。

三、一般地下工程的围岩温度环境

（一）地温基本概念

在一般地下工程中，温度的升高与地下深度成正比。研究地温随深度的变化规律，必须首先了解两个基本概念。

1. 地温梯度

在地表上层深 20 ~ 130 m 以下，深度每增加 100 m 地温升高的度数称为地温梯度，常用式（8-1）表示

$$G_T = \frac{100(T - t)}{H - h} \tag{8-1}$$

式中　G_T——地温梯度，℃/100 m；

T——深度为 H 处的地层温度，℃；

t——恒温带的温度，℃；

H——测温点的深度，m；

h——恒温带的深度，m。

地球上不同地区地温梯度不同，一般为0.9～5.2 ℃/100 m。例如，我国南海的地温梯度高达4.6～6.4 ℃/100 m，川南地区为2.4 ℃/100 m，天津市为3.5 ℃/100 m。

2. 地温级度

地温级度指地温每升高1 ℃时，所加深的深度，实际上它是地温梯度的倒数，用式(8-2)表示

$$D_T = \frac{H - h}{T - t} \tag{8-2}$$

式中　D_T——地温级度，m/℃。

通常认为，温度随深度增加而有规律地升高，平均每加深33 m，地温就升高1 ℃。但是，它也和地温梯度一样，不同地区地温级度不相同。例如，我国川南气田三叠纪地层地温级度为41.5 m/℃；老君庙油田第三纪地层地温级度为26 m/℃；新格罗兹内地区地温级度更低，为7.5～10.3 m/℃。地温级度越低，则地温梯度越高。

（二）地下温度的来源

地表的温度主要来自于太阳能，它随着昼夜和季节的变化而变化。受太阳能影响的表层称为太阳辐射带，在20 m左右。在此带之下是常温带(20～130 m)。常温带之下，温度随深度的增加而有规律地升高。

研究表明，地壳上层10 km内的热能，是来自地核里的热源，包括岩浆侵入、地热的辐射和对流、放射性元素蜕变、地壳变动时颗粒摩擦热及渗透层内放热化学反应等。其中，后两种热源是局部的、暂时的，而前几种则是普遍的、永久的。

近代板块构造学说提出：如果两个板块未分离，会发生热膨胀接触，使热流从深处上升；如果两板块分离而热膨胀溢出，则热液会上升到地表。地壳上沿巨大断裂谷系的热流、火山活动和沿沉积盆地边界的大断裂带常常分布的许多地热点等都是很好的证据。例如，非洲大陆边缘的尼日尔河三角洲地区的同生断层是地下热液的良好通道，使其地温梯度高达1.84～5.47 ℃/100 m。

（三）地下温度的影响因素

综上所述，可以看出地温梯度和地温级度在不同地区变化不同。除受地下热源影响外，还有如下几种因素。

1. 岩石导热率不同

岩石传导热的能力用导热率表示。岩性不同，导热率也不同。例如，导热率：玄武岩 > 碳酸盐岩 > 碎屑岩 > 水 > 油 > 气等。因此，不同地区岩石导热率的不同，是导致地温梯度不同的原因之一。

2. 地下水的循环

地下水是良好的载热体，在循环过程中能把地层向斜深部的热量带到背斜顶部，这会大大影响该地区的地温梯度。

3. 区域地质构造对地温分布的控制作用

地质结构的组成和目前活动的程度能宏观地控制地温分布。区域地质构造单元是以深大断裂及巨型构造带为分界线的，构造单元不同，地质结构也不同，因此在不同的区域构造单元之间常有地温陡变带出现。在同一构造单元内部有凸起、凹陷及其间的断裂分

布，它们的组成及构造特征常常影响深部热量的传导、积累和散失，对区域地温有明显的影响。

4. 深部地壳结构的控制作用

地壳厚度与大区域地温分布有着密切关系。地壳薄，地温高；地壳厚，地温则渐低，地壳与地温成镜像关系。在全球板块碰撞或俯冲带，由于地壳岩石的重熔或幔源物质的上涌并侵入地壳浅部或形成火山喷发，故在这些地区常形成高地温带。

5. 火山活动与岩浆作用的影响

中国境内新生代火山活动很多。在台湾北部的大屯火山群可能有休眠火山存在。按火山与岩浆活动对地温的影响，可将其划分为以下两类：第一类是地温分布可能与火山及岩浆活动无关的地区；第二类是地温分布与现代火山活动及岩浆作用有关的地区。岩浆活动在一定地质及构造条件下，对地温的分布有着较大的影响，因此利用岩浆活动或岩浆体的放热来解释某些地区的地温异常相对容易。

6. 地形和降水的影响

地壳表面形态的高低起伏及降水对地温的影响仅表现在地壳浅部数百米至 1 km 左右的深度范围内，它显示了明显的纬度分带性。

7. 温泉的影响

据统计，中国有温泉多处，它们主要分布在丘陵山区及盆地边缘。温泉的温度及其化学成分反映了地下某一深度的地层温度同岩石与水相互作用的关系。温泉的分布和形成一般受地质构造的控制，而其温度的高低却由受相同构造控制因素制约的区域深部地温分布所决定。高温分布区一般地质构造活动强烈，同时温泉区的地下热水的温度高。因此，温泉的特征亦能反映区域地温分布的大致形貌。

四、矿产资源开采深度及其地温梯度

我国目前矿床的勘探和开采深度并非最深，国外若干地区矿产开采深度如表 8-1 所示。

表 8-1　国外若干地区矿产开采深度

矿区	开采深度(m)
克里沃洛格铁矿	1 500(个别达 2 500)
阿塔苏铁矿	1 500
美国红山斑岩铜矿	1 500
南非维特瓦特斯德金矿	3 000
南非维特瓦特斯德金矿的一个矿山	3 900
印度科拉尔金矿	3 231
加拿大诺兰达含铜黄铁矿	1 800
国比尤特铜矿	1 500
美国苏必利尔湖自然铜矿	1 600

国际上一些矿床的开采深度达到了 2 500 ~ 4 000 m 及其以下，南非还在计划开采地

下 6 km 的矿产。因此,我国大多数矿产的深部开采还有很大找矿潜力。

(1)矿山开采深度不大,存在“第二找矿空间”。从矿山类别看,煤矿的开采深度较大,500 ~ 1 000 m 的占 48% ,17 个矿山已超过 1 000 m;而建材、辅助原料和稀有金属矿产的开采深度则 60% 以上不超过 100 m。这个事实说明,客观上确实存在着地表以下更深层次的“第二找矿空间”。

(2)随着对矿产资源的需求不断增加,矿产资源开采深度日益增加。我国在 20 世纪七八十年代就建成台吉、王营子等千米矿井,不少矿井特别是我国东部矿井有的接近甚至已超过千米。

(3)我国若干地区和矿区的地温梯度如表 8-2 所示。

表 8-2　我国若干地区和矿区的地温梯度

地区或矿区	简要说明	地温梯度(℃/100 m)
华北平原	背景值	2 ~ 3(深 300 m 以内)
华北平原边缘地区	地下水活动强烈	1 ~ 2(深 300 m 以内)
华北平原隆起区	局部异常区	3 ~ 4(深 300 m 以内)
河南平顶山	地下水活动强烈	3 ~ 5
安徽淮南		2.97 ~ 3.11
东北抚顺		2.72 ~ 4.57
东北辽潭	中生代断陷盆地	3.42
东北双鸭山尖子矿		3.57
其他参照	美国沉积岩地区一般值	1.79 ~ 2.79(深 300 m 以内)
	苏联煤系地层一般值	3.0

依据上述列出的所有内容,地温梯度范围为 0.9 ~ 6.4 ℃/100 m,依据式(8-1),得到式(8-3)

$$T = \frac{G_T(H - h)}{100} + t \tag{8-3}$$

式中　G_T——地温梯度,取 0.9 ℃/100 m 和 6.4 ℃/100 m;

H——测温点的深度,取 2 000 m;

h——恒温带的深度,一般为 15 ~ 30 m,取 20 m;

t——恒温带的温度,取 14 ℃。

代入数值得到

$$T_1 = \frac{0.9(2\,000 - 20)}{100} + 14 = 31.82(℃)$$

$$T_2 = \frac{6.4(2\,000 - 20)}{100} + 14 = 140.72(℃)$$

由此,根据不同地温梯度求得在深度为 2 000 m 处的温度最小值、最大值分别为 31.82 ℃和 140.72 ℃。

在矿产资源的开采中需要大量的钢筋混凝土工程,不可避免地受到地下温度的影响,因此研究矿产开采中温度对钢筋混凝土工程的作用效应是十分必要的。

第二节 不同温度影响下的混凝土蠕变特性

一、概述

近年来,混凝土在土木工程中的应用越来越广泛,其材料特性也越来越受到关注。蠕变作为混凝土材料的一种非常重要的力学性质,影响着混凝土结构的安全及使用寿命。蠕变是一种在保持应力不变的条件下,应变随时间的延长不断增大的现象。蠕变的出现会造成混凝土材料的性质发生变化,而温度也会造成混凝土材料的性质发生变化。地下采矿时掘进的巷道,由于其深度的不同,所处的室内温度也不同,其支护与修筑所用的混凝土的温度也有所不同。由于采矿持续的时间很长,所以其巷道中的混凝土会在温度以及应力作用下发生不同程度的蠕变,因此研究不同温度下混凝土的蠕变特性对于巷道的修筑与支护,以及使用过程中的安全等工程应用有重要的指导意义。

国内外学者对混凝土蠕变进行了多次研究,Boukharov 等通过试验观察到蠕变的三个阶段:初始蠕变阶段、稳定蠕变阶段、加速蠕变阶段;E. A. Jagla 通过建立蠕变模型展示了蠕变的三个阶段;李兆霞通过混凝土的蠕变及蠕变破坏试验,表明当应力高于短期抗压强度的 50% 以上时,随时间增加,应力应变之间的非线性程度将越来越高;刘国军等的试验表明,当应力高于混凝土长期强度时,混凝土将发生蠕变破坏;傅强等通过研究混凝土的蠕变损伤统计模型得到材料在工程中的破坏都是与时间相关的蠕变破坏过程。这些试验对混凝土的蠕变特性进行了深入研究,但对混凝土的温度因素考虑较少。美国学者 Zuk 提出了气温影响混凝土结构的温度分布曲线。而在不同温度下混凝土的蠕变特性研究方向仅有少量研究成果。陈宇等通过室内高压温控三轴仪得到沥青混凝土的蠕变随温度的升高而增大,但其仅仅考虑了两种相差不大的较低的温度,未分析较高温度下混凝土蠕变特性,而且沥青对温度较为敏感,对沥青混凝土的蠕变结果影响较大,不能简单地将其研究结果应用于其他类型的混凝土中。本书通过单轴压缩蠕变试验,分析不同温度下混凝土的蠕变特性,为地下工程中各种温度下混凝土结构的研究和使用提供指导。

二、混凝土蠕变特性试验设计

(一)试验材料制备

本书试验所采用的混凝土试件的质量配合比为水泥: 砂: 水 =1:5.17:0.9。试件为尺寸 ϕ46 mm ×98 mm 的圆柱体试件。试件中掺杂水平横向放置的铁丝,用来模拟混凝土中的钢筋。

混凝土试件分成 5 组,每组两块,分别以 100 ℃、150 ℃、200 ℃、250 ℃、300 ℃在烘箱中烘烤两天,之后取出用塑料袋密封保存,如表 8-3 所示。

表 8-3　试件烘烤温度

编号	A	B	C	D	E
T(℃)	100	150	200	250	300

(二)试验条件

本试验所采用的试验装置包括岩石三轴试验机、电子引伸计及烘箱。

试验所采用的试验机是山东农业大学采购的,由长春科新试验仪器有限公司生产的岩石三轴试验机。该试验机可以采取位移控制或者试验力控制,本书试验采取试验力控制进行加载。试验机由计算机全程控制其上升、加载、下降,同时自动采集试验数据,绘制一系列试验曲线。

(三)试验方法与步骤

国内外常用的蠕变试验方法包括单轴压缩蠕变、劈裂蠕变、弯曲蠕变等。劈裂蠕变试验影响因素较多,而弯曲蠕变较复杂,考虑到三轴压缩试验对试验机及仪器的要求很高,故为了试验简便,采取单轴压缩蠕变试验。

蠕变试验的加载方式包括分别加载与分级加载,分别加载方式所需要的时间要足够长,而且近乎苛刻的条件也非常难以实现;分级加载方式是在一块试样上连续做多级应力的试验,与分别加载相比更易实现,故本书试验采取分级加载。

因此,本书试验选择分级加载下的单轴压缩试验来研究不同温度下混凝土的蠕变特性。

主要试验步骤:首先通过试验力控制将荷载增加至 1 MPa 对试块进行预压,再以 0.05 MPa/s 的速度对试块进行加载,使荷载达到预设荷载并保持此荷载 2 h,如试件未发生破坏,则以相同的速度将荷载再增加 1 MPa 至下一阶段,保持 2 h,如还未破坏继续增加荷载,直至试件破坏,试验结束。

三、混凝土蠕变试验结果及分析

(一)试验结果

图 8-1 为不同温度(100 ℃、150 ℃、200 ℃、250 ℃、300 ℃)下混凝土的单轴压缩轴向蠕变试验曲线及拟合曲线,图 8-2 为不同温度下混凝土单轴蠕变试验破坏后断口(部分)。

(二)试验结果分析

由图 8-1 可知,不同温度下混凝土的轴向蠕变曲线基本一致,其蠕变曲线也可以分为瞬变蠕变阶段、稳定蠕变阶段、蠕变破坏阶段。其中,瞬变蠕变阶段的蠕变变形迅速增长;稳定蠕变阶段的蠕变变形平稳增长,蠕变速率保持稳定,属于线性变形阶段;蠕变破坏阶段的蠕变变形急剧增长。本书主要研究的蠕变过程为前两个阶段,即瞬变蠕变阶段和稳定蠕变阶段。

从图 8-1 的试验曲线可以看出,经过高温烘烤后的混凝土试件的蠕变压密阶段较为明显,这主要是由于混凝土试件经过烘烤后,其内部的水分被烘烤蒸发掉,形成了不少空隙,造成了混凝土试件内部的空隙率较高,这反映出了混凝土经过高温烘烤后密实度有降低的趋势。

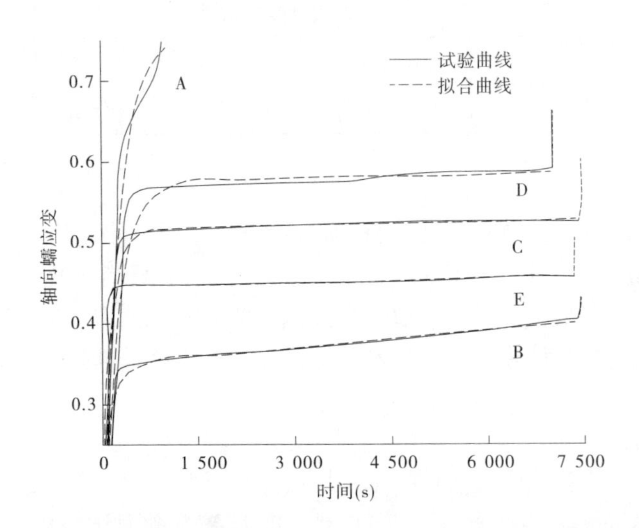

图 8-1　轴向蠕变试验曲线及拟合曲线

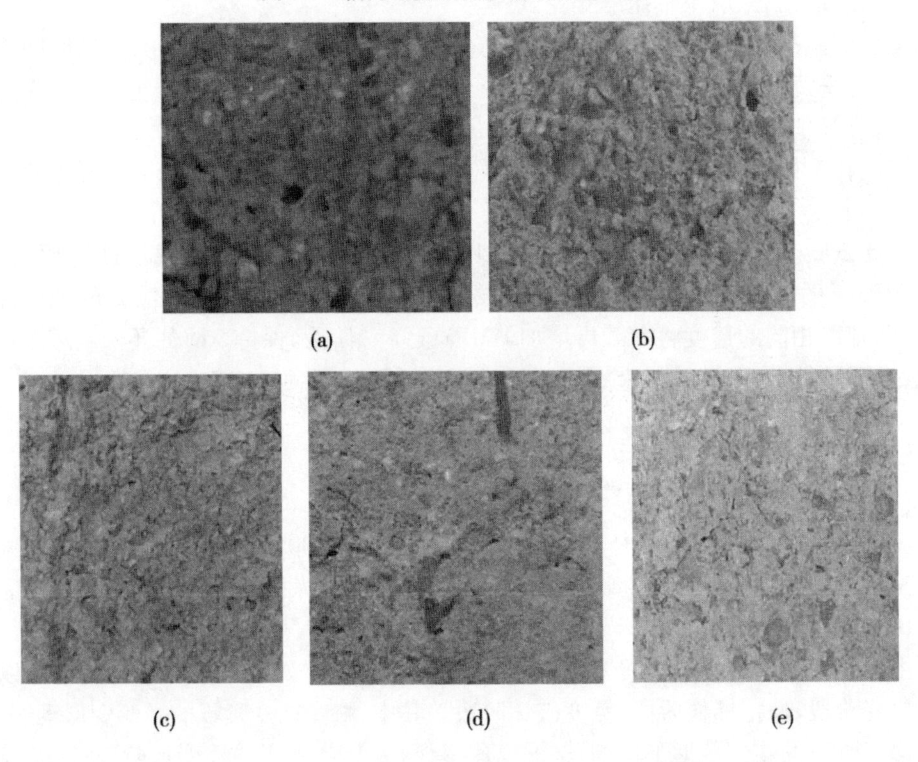

图 8-2　不同温度下混凝土单轴蠕变试验破坏后断口

当混凝土的温度为 100 ℃时，即试件 A，蠕变过程速度很快，在短时间内完成，其中第二阶段蠕变稳定阶段持续时间很短，其原因除试件的密实性较差外，还可能是试件的温度与应力的选择不相匹配。100 ℃的温度使试件材料属性发生变化，试件的蠕变强度变低，应力超过了其蠕变强度，造成试件的蠕变变形速度加快，过早进入了蠕变破坏阶段，加速了试件的破坏。这说明当应力水平较高时，试件变形如果快速增加，通常很快就会发生破坏。

当混凝土的温度大于 100 ℃时，即 150 ℃、200 ℃、250 ℃、300 ℃所对应的混凝土试件 B、C、D、E，混凝土的蠕变曲线的前两个阶段比较完整，如图 8-1 所示。其中，混凝土在蠕变过程中的累计应变，即其蠕变变形值如表 8-4 所示。

表 8-4　不同温度下混凝土的变形值

试件编号	总变形量(mm)	蠕变量(mm)	蠕变比
B	0.415 6	0.081 1	0.195 1
C	0.525 4	0.066 2	0.126 0
D	0.591 3	0.081 5	0.137 8
E	0.455 8	0.034 3	0.075 3

表 8-4 为不同温度下混凝土试件承受预压荷载 2 h 后的蠕变变形值，其中蠕变比即总蠕变变形量/满载时的变形量反映蠕变的大小情况。由表 8-4 可知，当混凝土温度为 300 ℃时，即试件 E，蠕变变形量有最小值，随着温度的减小，蠕变量增大。200 ℃时，即试件 C，蠕变量减小可能是混凝土试件中的铁丝与试件内部的裂隙互相作用的缘故。混凝土满载时的变形量随温度的增加，呈现先变大后减小的趋势，其原因与混凝土的蠕变特性随温度变化有关。温度越高，混凝土的脆性越强，塑性越弱，表现为蠕变比的变化，蠕变比随温度的增大逐渐减小，分别减小了 35.4%、-9.4%、45.4%，即温度越高，混凝土蠕变的第二阶段稳定蠕变阶段越稳定，混凝土蠕变变形量越小，混凝土的脆性也就越高。由此可以看出，温度对混凝土蠕变有显著的影响。

除研究不同温度下混凝土承受荷载而产生的蠕变变形值外，蠕变劲度 S 是该试验获得的另一个重要参数。图 8-3 为不同温度下混凝土的蠕变劲度模量。

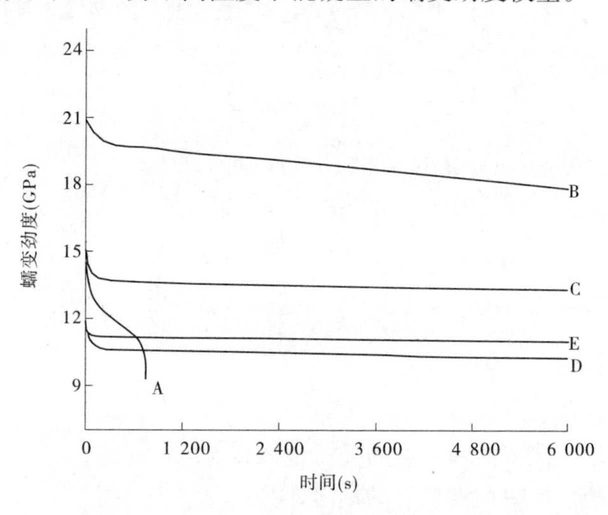

图 8-3　不同温度下混凝土的蠕变劲度模量

对蠕变试验来说，蠕变劲度 S 是非常重要的参数，它反映了材料所受应力与应变的关系。蠕变劲度的计算公式为

$$S(t) = \sigma / \varepsilon(t) \tag{8-4}$$

式中　$S(t)$ ——荷载作用时间 t 条件下混凝土的蠕变劲度,MPa;

σ ——荷载应力,MPa;

$\varepsilon(t)$ ——混凝土在荷载作用时间 t 下的应变。

由图 8-3 可知,不同温度下混凝土的蠕变劲度曲线基本一致。加载初期,混凝土的蠕变劲度变化较大;随着加载时间的增加,蠕变劲度曲线趋近于直线,呈收缩趋势,随着加载时间的增加,蠕变劲度减小,表明随着时间的增加,蠕变变形逐渐增加,同时蠕变速率趋于稳定。在加载完成的一段时间内,100 ℃的混凝土试件 A 在很短的时间内再次由平稳变化到急剧变化,说明试件 A 在经历了极短时间的平稳蠕变之后,又再次加速蠕变,进入了第三阶段即蠕变破坏阶段,最后一段的急剧下降表明试件临近破坏。除了 100 ℃的混凝土试件 A,其余温度下混凝土的蠕变劲度随温度的升高而减小,大约分别降低了 30.8%、22.2%、-11.4%,说明温度越高,混凝土的蠕变速率越趋于稳定,其应变越大,混凝土的脆性越高,塑性越弱,但变化趋势在逐渐减小,同时在最后一个温度变化阶段出现了负值。当试件温度为 300 ℃时,蠕变劲度有一个小幅增大,说明当温度大于 250 ℃时,混凝土的脆性有可能会随着温度的持续升高而减弱。总体来看,温度对混凝土的蠕变起抑制作用。

目前,用于模拟混凝土的物理模型往往是若干力学元件的组合,常用的模型为伯格斯模型与西原模型,两者均能反映变形的某些特征,但西原模型所反映的变形特征更为全面,而且根据图 8-1 中的蠕变曲线,可以明显看出蠕变的三个阶段。西原模型可以模拟全蠕变曲线,故选择西原模型对不同温度下的蠕变曲线进行模拟。

西原模型由一个弹性元件、开尔文体和理想黏塑性体串联而成,如图 8-4 所示。

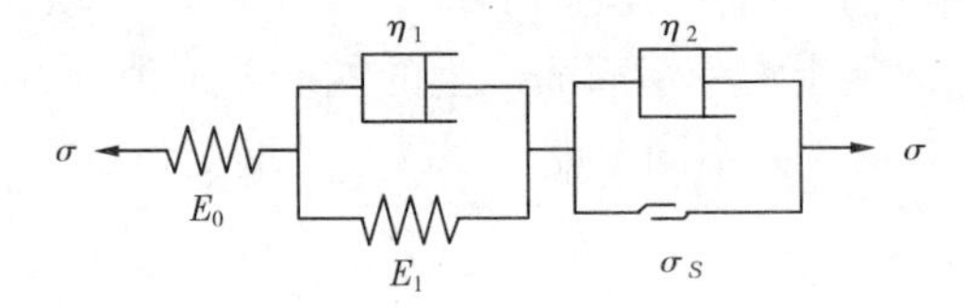

图 8-4　西原模型

西原模型的蠕变方程如式(8-5)、式(8-6)所示:

当 $\sigma < \sigma_S$ 时,
$$\varepsilon(t) = \frac{\sigma}{E_0} + \frac{\sigma}{E_1}\left(1 - e^{-\frac{E_1}{\eta_1}t}\right) \tag{8-5}$$

当 $\sigma \geqslant \sigma_S$ 时,
$$\varepsilon(t) = \frac{\sigma}{E_0} + \frac{\sigma}{E_1}\left(1 - e^{-\frac{E_1}{\eta_1}t}\right) + \frac{\sigma - \sigma_S}{\eta_2}t \tag{8-6}$$

式中　E_0 ——弹性模量;

E_1 ——黏弹性模量;

η_1 ——开尔文体中黏性单元的黏滞系数;

η_2 ——黏塑性体中黏性单元的黏滞系数;

σ ——模型的总应力;

$\varepsilon(t)$ ——混凝土产生的应变;

σ_S ——屈服应力,MPa。

根据试验数据,采用 Origin85 软件对不同温度下的蠕变数据进行拟合,可以得到不同温度下混凝土的西原模型拟合曲线，见图8-1。同时，还可以得到不同温度下混凝土的黏弹性—黏塑性参数，见表8-5。

表8-5　拟合得出的西原模型参数

不同温度试件编号	模型参数			
	E_0	E_1	η_1	η_2
A	184.16	11.44	2 715.92	1 903 520
B	148.05	21.77	2 503.01	1 789 060
C	123.43	15.24	2 117.71	1 718 600
D	83.56	14.74	2 089.73	1 530 880
E	46.10	14.44	993.97	1 460 140

通过Origin85软件，可以发现得到的西原模型拟合曲线与原试验曲线相关系数较高，均超过0.9，从而看出通过西原模型得到的蠕变变形值与试验得到的结果吻合度较高。

通过对西原模型参数的对比可以发现，随着混凝土温度的升高，西原模型的蠕变参数呈现一定的变化趋势。其中，弹性模量 E_0 随着温度的增加呈现降低的趋势，弹性模量越大，刚度越大，所以随着温度的升高，混凝土材料的刚度越小；E_1 为黏弹性模量，由表8-5可以看到，当温度较高时，黏弹性模量逐渐降低，但变化幅度不大，可以得到，混凝土温度越高，黏弹性模量越小，蠕变的变形值越小。在西原模型中，η_1、η_2 均为黏滞系数，其中 η_2 为黏塑性系数，随混凝土温度的升高逐渐降低，反映出混凝土试件随温度的升高，其蠕变变形量逐渐减少，同时混凝土的塑性随温度的升高在逐渐降低。

根据表8-5中西原模型各蠕变参数的分析，得出的蠕变变形规律与试验结果所分析出的规律基本吻合，反映出通过西原模型能够准确得到不同温度下混凝土的蠕变特性。

总之，蠕变试验表明，温度对混凝土的蠕变特性有着显著影响；混凝土的蠕变随温度的升高而降低，同时蠕变曲线第一阶段变化明显，表明混凝土的内部空隙率因为经过高温烘烤而增大；对预压荷载下的蠕变变形值的比较，得出不同温度下混凝土的蠕变变形值随温度的升高而逐渐减小，反映出温度对混凝土的蠕变起抑制作用；利用蠕变劲度所反映出的变形速率的关系，得到蠕变劲度随混凝土温度的增大而变小，反映出混凝土的蠕变变形速率随温度的升高而降低；通过西原模型进行数据拟合得到的参数与试验结果对比，可以更加直观地反映出温度对混凝土蠕变特性的影响，温度越高，黏弹性模量越小，蠕变变形越小；混凝土试件蠕变破坏过程中，出现较多的宏观裂纹，其破坏面的最终方位位于劈裂和剪切破坏之间。

第三节　不同温度影响下混凝土蠕变试验的分形特征

应用山东农业大学引进的长春科新试验仪器有限公司生产的SAW－2000微机控制电液伺服岩石试验机，对不同温度影响下的混凝土试件进行蠕变试验，得到了蠕变试验曲线（ε—t 时间序列）、破坏后断口等试验结果，对其进行分形几何学研究。

一、透反射式偏光显微镜采集试件断口的细观图像

岩石试件细观图像由山东农业大学引进的上海长方光学仪器有限公司生产的XPV－900E型岩石透反射式偏光显微镜进行采集，XPV－900E系列的透反射式偏光显微镜是一种电脑型透反射式偏光显微镜，它是一种专业试验仪器，可应用于高等院校相关学科和化工、冶金、地质矿产等相关部门。透反射式偏光显微镜不仅可以作明场观察，还可以作偏光观察及正交偏光观察等。其组成分为适配器（接口）、图像采集卡、摄像器和透反射式偏光显微镜四个部分，如图8-5所示。

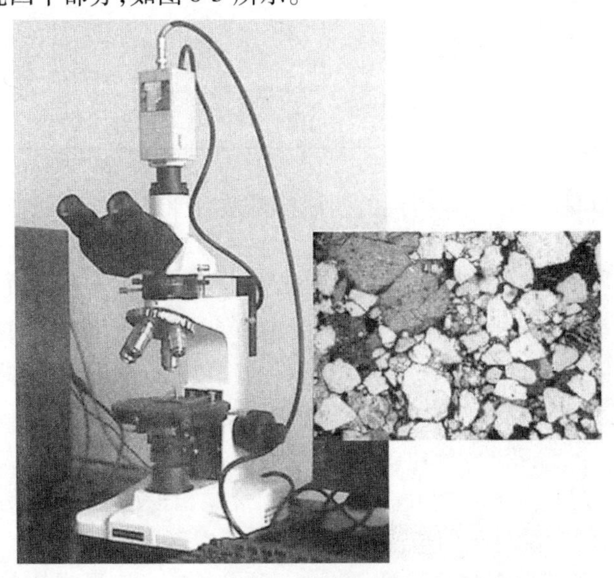

图8-5　XPV－900E型岩石透反射式偏光显微镜

XPV－900E型岩石透反射式偏光显微镜的主要技术参数如表8-6所示。

表8-6　XPV－900E型岩石透反射式偏光显微镜的主要技术参数

<table>
<tr><th colspan="3">目镜</th><th colspan="3">物镜</th></tr>
<tr><th>放大倍数</th><th>焦距（mm）</th><th>视场（mm）</th><th>放大倍数</th><th>数值孔径（mm）</th><th>工作距离（mm）</th></tr>
<tr><td rowspan="4">10×</td><td rowspan="4">25</td><td rowspan="4">20</td><td>5×</td><td>0.10</td><td>18.3</td></tr>
<tr><td>10×</td><td>0.25</td><td>8.8</td></tr>
<tr><td>40×</td><td>0.60</td><td>3.73</td></tr>
<tr><td>60×</td><td>0.75</td><td>1.34</td></tr>
</table>

应用XPV－900E型岩石透反射式偏光显微镜采集岩石细观图像时的操作方法及步骤为：

（1）连接电源，打开电源开关，在底盘的后方有照明器的亮度调节按钮和电源开关，在底盘的左方有落射/透射照明切换开关、启动光源开关。

（2）将岩样放置在载玻片上，并置于载物台。

（3）调焦，微动调焦控制通过位于架身两侧的微动手轮实现，粗动调焦则由同轴的粗动手轮实现。

（4）观察，目镜选取放大倍数为10×，物镜则利用不同的放大倍数，先单独用右眼观察样本，不断调焦，直至成像清晰。然后再用左眼去观察，缓慢调节视度调节环直到左眼也能观察到清晰的图像。

（5）旋转式载物台的操作：定位视场内某一目标点，移动标本使视场中心与目标点重合。缓慢调整载物台的调中螺钉，使视场中心不断地接近轨迹中心，最终重合，载物台的调中步骤即完成。

二、应用ImageJ软件求解分数维

目前，全球速度最快的纯Java图像处理程序是ImageJ，它过滤一张2 048×2 048的图片所需要的时间可以控制在0.1 s内。ImageJ的出现在某种意义上改善了其利用率较低的局面。

ImageJ不同的版本可以在Windows、Mac OS、Mac OS X和Linux系统上运行，它支持"栈"，也就是在一个窗口可打开下一系列的图片。它能读入许多种不同格式的图片，包括TIFF、GIF、JPEG、BMP、DICOM和FITS等。它能对图片进行旋转、反转和缩放等简单的操作，并提供一些标准的图像处理函数，比如边缘检测、平滑、中值滤波和锐化等。它还可以同时打开多个工作界面，所以在处理比较耗费时间的操作时还能够同步进行其他的相关操作。更重要的是，为了扩展ImageJ的各项功能，可以通过加入Java语言的插件来实现，它应用的结构是一种开放式的。这样，各种需要的插件均可以使用Java编译器和ImageJ的内置编辑器得到。这样的机制使得开发人员能够自行编写各种需要的插件，来解决任何图像分析和处理的相关问题。Macro语言与之配合使用，使ImageJ的应用更加便利。

ImageJ作为Java语言是一个图像处理和分析平台，它具备多种图像分析和处理功能，特别是在岩石力学领域的应用比较广泛。并且该软件支持插件技术，互联网上有大量插件，针对许多特殊应用领域可免费提供下载使用。使用ImageJ软件求取分维数的方法简述如下：

（1）打开软件后开启图档，选择图片并打开。

（2）使用工具栏的Image工具，将图片处理成八进制位图。

（3）使用工具栏Process工具将图片处理成灰度图。

（4）使用工具栏Analyze中的Fractal box count（盒子计数法）工具进行处理，其计算结果显示$\lg r$、$\lg N$具有很好的正相关性时，得到分维数。

三、不同温度混凝土蠕变试验的宏观分形维数

在宏观尺度层次上，采用数码相机对岩石试件断口进行拍摄来采集宏观图像，每一试件破坏面取11个平面位置图像，经ImageJ软件处理后求得每一幅图像的分形维数，为容量维D_0。图8-2给出了一部分宏观图像，不同温度混凝土蠕变试验的宏观分形维数见表8-7。

表 8-7　不同温度混凝土蠕变试验的宏观分形维数

编号	A	B	C	D	E
1	1.706 9	1.857 5	1.869 6	1.639 2	1.742 9
2	1.882 6	1.863 3	1.697 4	1.612 5	1.732 7
3	1.863 2	1.863 3	1.646 8	1.608 1	1.633 2
4	1.580 1	1.863 3	1.812 1	1.635 6	1.685 5
5	1.572 5	1.791 4	1.715 2	1.649 4	1.695 7
6	1.588 6	1.768 1	1.833 4	1.715 8	1.669 2
7	1.596 7	1.725 1	1.722 2	1.634 2	1.604 4
8	1.601 2	1.835 7	1.832 8	1.814 1	1.643 5
9	1.644 8	1.572 0	1.826 6	1.614 4	1.677 8
10	1.595 2	1.653 6	1.727 8	1.642 1	1.652 8
11	1.656 6	1.664 8	1.857 3	1.645 9	1.670 1
平均	1.662 6	1.768 9	1.776 5	1.655 6	1.673 4

四、不同温度混凝土蠕变试验的细观分形维数

将试件的断口放大 600 倍,属于细观尺度层次。利用 XPV－900E 电脑型透反射式偏光显微镜采集试件断口的细观图片信息,每一试件的断口在显微镜下变换 14 个平面位置,取得 14 幅图像,经 ImageJ 软件处理后求得每一幅图像的分形维数,为容量维 D_0 。

为便于 ImageJ 软件求取分形维数,需要将每一幅透反射式偏光显微镜采集的细观图片处理成位图。图 8-6 列举了部分放大 600 倍的断口原图及处理后的八进制位图。得到不同温度混凝土蠕变试验的细观分形维数,见表 8-8。

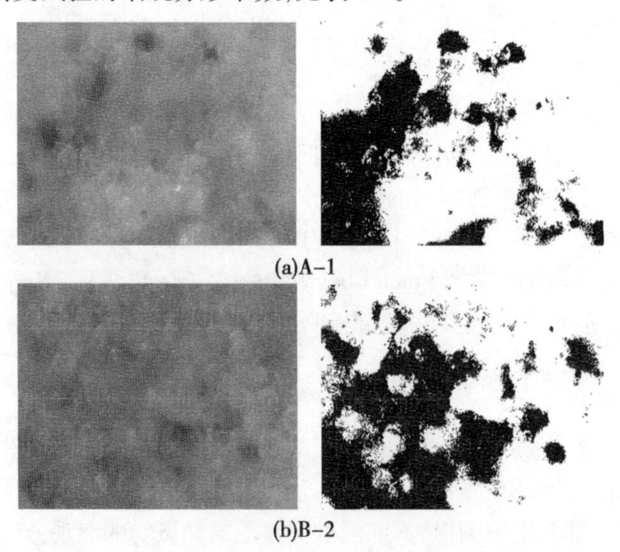

(a)A–1

(b)B–2

图 8-6　放大 600 倍的断口原图及处理后的八进制位图

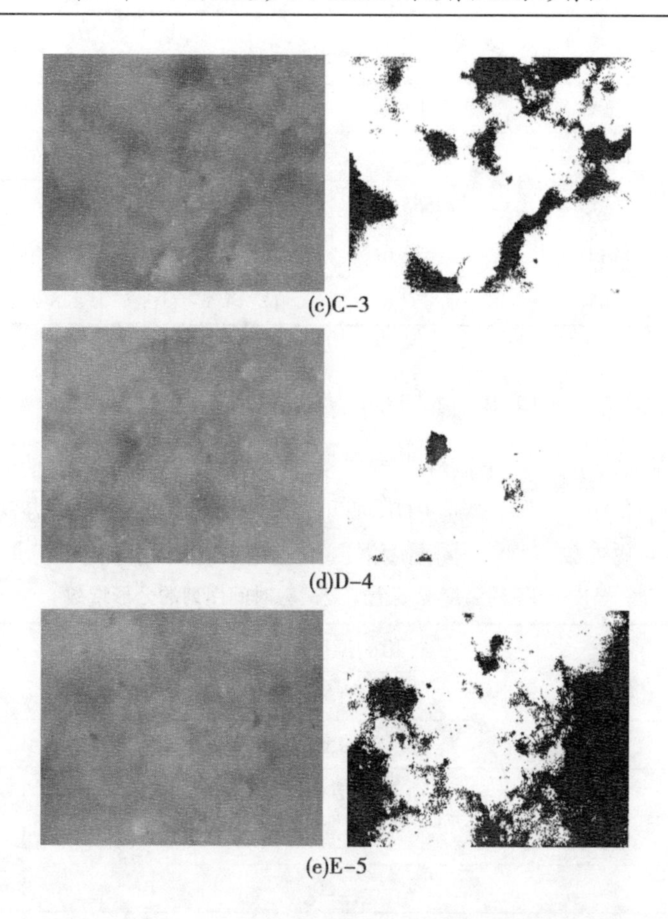

(c)C-3

(d)D-4

(e)E-5

续图 8-6

表 8-8 不同温度混凝土蠕变试验的细观分形维数

编号	A	B	C	D	E
1	1.649 3	1.736 4	1.662 0	1.801 5	1.708 4
2	1.715 3	1.684 4	1.871 0	1.393 0	1.679 5
3	1.700 1	1.785 6	1.619 0	1.116 1	1.801 5
4	1.755 2	1.632 3	1.741 2	1.117 2	1.426 5
5	1.480 0	1.140 5	1.718 0	1.648 6	1.732 5
6	1.616 9	1.689 9	1.737 9	1.060 7	1.553 0
7	1.691 4	1.816 3	1.507 7	1.614 4	1.423 5
8	1.551 0	1.759 4	1.670 7	1.047 0	1.632 3
9	1.540 1	1.717 8	1.921 1	1.702 3	1.636 1
10	1.709 3	1.673 4	1.761 1	1.434 2	1.742 5
11	1.738 6	1.650 0	1.749 7	1.421 7	1.709 9

续表 8-8

编号	A	B	C	D	E
12	1.884 2	1.723 7	1.697 8	1.438 6	1.648 0
13	1.719 6	1.665 3	1.628 2	1.434 6	1.739 5
14	1.404 7	1.673 6	1.714 6	1.764 6	1.527 4
平均	1.654 0	1.667 8	1.714 3	1.428 2	1.640 0

五、不同温度混凝土蠕变试验时间序列的分形维数

对不同温度影响下的混凝土试件进行单轴压缩蠕变试验,得到了轴向蠕变试验曲线(ε—t 时间序列),如图 8-1 所示。应用从时间序列中计算关联维数的办法,从 ε —t 时间序列中计算得到关联维数 D_2 。不同温度混凝土蠕变试验时间序列的分形维数见表 8-9。

表 8-9 不同温度混凝土蠕变试验时间序列的分形维数

编号	影响温度(℃)	D_2
A	100	0.997 87
B	150	0.998 83
C	200	0.999 05
D	250	0.988 99
E	300	0.998 81

六、不同温度影响下混凝土蠕变试验的分形特征

将不同温度影响下混凝土蠕变试验的宏观分形维数、细观分形维数,结合蠕变时间序列的分形维数进行比较分析,如图 8-7 所示。

总体而言,任意温度影响下的宏观尺度层次分形维数均高于细观尺度层次下的分形维数,平均高出 5.34%,证明混凝土在宏观世界的应用中表现出了更高程度的复杂性,而在细观世界的工程、力学特性相对简单。

在 100 ~ 300 ℃的不同温度影响下,混凝土蠕变试验的宏观分形维数、细观分形维数和由时间序列提取的分形维数,表现出了比较严格一致的规律性,即 250 ℃影响下混凝土蠕变试验的分形维数最小。对照前述三个研究规律:由图 8-2 及图 8-6 列举的部分放大 600 倍的断口原图及处理后的八进制位图可见,250 ℃影响下混凝土破坏后断口图像最为简单;由表 8-4 可知,随影响温度的升高,混凝土的蠕变变形比总体呈下降趋势,混凝土的脆性加强,但是仅 250 ℃影响下混凝土的蠕变比值显著变高,表明其脆性趋弱、蠕变特性趋强,即 250 ℃影响下混凝土的稳态蠕变阶段变得不稳定;图 8-3 中明确指示,250 ℃影响下混凝土的蠕变劲度在各个时间点均为最低,说明此温度下混凝土的脆性最弱,间接反映出此状态下的混凝土蠕变特性较强。因此,得出可以互为依据的结论,即 250 ℃时混凝土

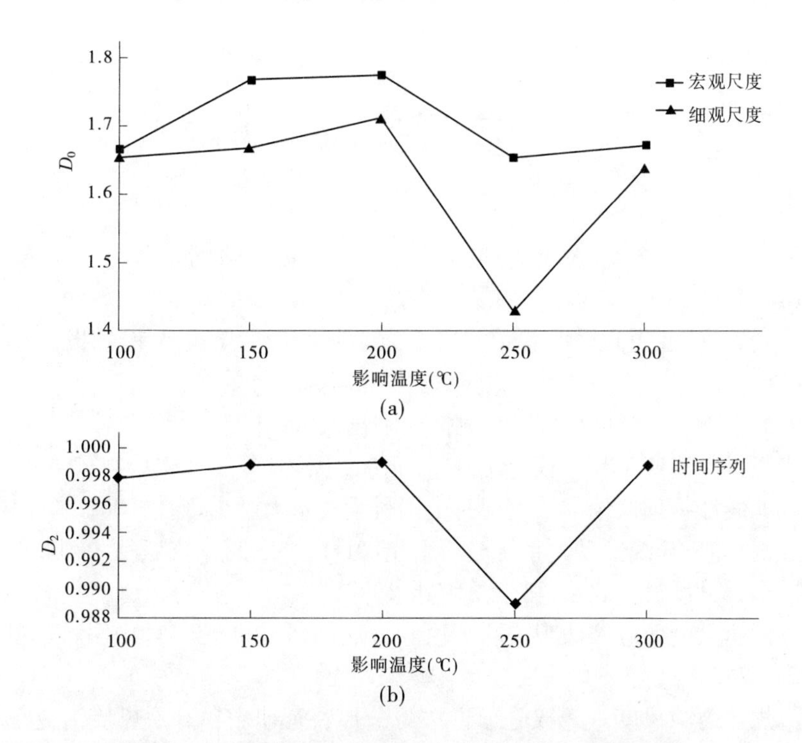

图 8-7　不同温度影响下混凝土蠕变试验的分形维数比较

蠕变状态的分形维数最小，蠕变破坏后试验断口的图像最简单，蠕变发展过程中的稳态蠕变阶段不稳定，混凝土的脆性弱、蠕变性较强。

参考文献

[1] 谢和平,刘夕才,王金安. 关于21世纪岩石力学发展战略的思考[J]. 岩土工程学报,1996,18(4):98-102.

[2] 郑颖人,刘兴华. 近代非线性科学与岩石力学问题[J]. 岩土工程学报,1996,18(1):98-100.

[3] 杨卫. 宏微观断裂力学[M]. 北京:国防工业出版社,1995.

[4] 孙钧. 岩土材料流变及其工程应用[M]. 北京:中国建筑工业出版社,1999.

[5] 陆同兴. 非线性物理概论[M]. 合肥:中国科学技术大学出版社,2002.

[6] 盛昭瀚,马军海. 非线性动力系统分析引论[M]. 北京:科学出版社,2001.

[7] 冯端,冯步云. 熵[M]. 北京:科学出版社,1992.

[8] 魏悦广. 固体尺度效应宏微观关联理论和方法的研究进展[J]. 中国科学基金,2000,(4):221-224.

[9] 康天合. 煤体裂隙尺度—条数分形方法与分形特征研究[C]//煤炭工业部科技教育司. 煤炭高等院校青年科学基金学术研讨会论文集. 徐州:中国矿业大学出版社,1995.

[10] 杨更社,孙钧. 中国岩石力学的研究现状及其展望分析[J]. 西安公路交通大学学报,2001,21(3):5-9.

[11] 刘式达,刘式适. 分形和分维引论[M]. 北京:气象出版社,1993.

[12] 陈士华,陆君安. 混沌动力学初步[M]. 武汉:武汉水利电力大学出版社,1998.

[13] 卢侃,孙建华,欧阳容百,等. 混沌动力学[M]. 上海:上海翻译出版公司,1990.

[14] 苗东升,刘华杰. 混沌学纵横论[M]. 北京:中国人民大学出版社,1993.

[15] 林振山. 非线性科学及其在地学中的应用[M]. 北京:气象出版社,2003.

[16] 谢和平. 分形—岩石力学导论[M]. 北京:科学出版社,1996.

[17] 王东生,曹磊. 混沌、分形及其应用[M]. 合肥:中国科学技术大学出版社,1995.

[18] 谭云亮,刘传孝,赵同彬. 岩石非线性动力学初论[M]. 北京:煤炭工业出版社,2008.

[19] 徐志斌. 煤矿断裂网格复杂程度的分形维评价[C]//煤炭工业部科技教育司. 煤炭高等院校青年科学基金学术研讨会论文集. 徐州:中国矿业大学出版社,1995.

[20] 吴继敏,陈志坚. 国外岩体裂隙面形态特征评价方法综述[J]. 水利水电科技进展,1997,17(3):20-24.

[21] 周宏伟,谢和平,Kwasniewski M A. 岩体节理表面形态描述的研究进展[J]. 自然科学进展,2001,11(7):682-688.

[22] 于广明. 分形及损伤力学在矿山开采沉陷中的应用研究[J]. 岩石力学与工程学报,1999,18(2):241-243.

[23] 刘秉正. 非线性动力学与混沌基础[M]. 长春:东北师范大学出版社,1995.

[24] 周凌云,王瑞丽,吴光敏,等. 非线性物理理论及应用[M]. 北京:科学出版社,2000.
[25] 黄润生. 混沌及其应用[M]. 武汉:武汉大学出版社,2000.
[26] 王光瑞,于熙玲,陈式刚. 混沌的控制、同步与利用[M]. 北京:国防工业出版社,2001.
[27] 赵峰,陶祖莱. 发育生物学中模式形成的力学模型[J]. 力学进展,2003,33(1):95-118.
[28] 黄文高. 人工生命与模式形成[D]. 杭州:浙江大学,2002.
[29] 谢和平. 岩石蠕变损伤非线性大变形分析及微观断裂的 FRACTAL 模型[D]. 北京:中国矿业大学,1987.
[30] 李先伟,兰勇瑞,邹俊兴. 岩石断口分析[J]. 中国矿业学院学报,1983(1):15-21.
[31] 易顺民,赵文谦,蔡善武. 岩石脆性破裂断口的分形特征[J]. 长春科技大学学报,1999,29(1):37-41.
[32] 沈明荣. 岩体力学[M]. 上海:同济大学出版社,2002.
[33] 孙广忠. 岩体结构力学[M]. 北京:科学出版社,1998.
[34] 马怀发,陈厚群,黎保琨. 混凝土细观力学研究进展及评述[J]. 中国水利水电科学研究院学报,2004,2(2):124-130.
[35] 马军海,陈予恕. 动力系统实测数据的非线性模型重构[J]. 应用数学和力学,1999,20(11): 112-115.
[36] 吴耿锋,周佩玲,储阅春,等. 基于相空间重构的预测方法及其在天气预报中的应用[J]. 自然杂志,1999,21(2):107-110.
[37] 徐淳. 混沌在工程中的应用[J]. 物理与工程,2000,10(5):53-55.
[38] 马军海. 动力系统实测数据相空间重构的改进方法[J]. 天津大学学报,2000,30(1):16-21.
[39] 孙海云,曹庆杰. 混沌时间序列建模及预测[J]. 系统工程理论与实践,2001(5):106-109,113.
[40] 马军海,陈予恕,刘曾荣. 动力系统实测数据的非线性混沌特性的判定[J]. 应用数学和力学,1998,19(6):481-488.
[41] 向小东,郭耀煌. 基于混沌吸引子的时间序列预测方法及其应用[J]. 西南交通大学学报,2001,36(5):472-475.
[42] 田野,徐平. 用岩体蠕变数据计算 Lyapunov 指数[J]. 长江科学院院报,1994,11(2):49-66.
[43] 向小东,郭耀煌. 混沌时间序列最大 Lyapunov 指数的计算[J]. 预测,2001,20(5):76-78.
[44] 田玉楚. 混沌时间序列的时滞判定[J]. 物理学报,1997,46(3):442-447.
[45] Wolf A. Determining lyapunov exponents from a time series[J]. Physica,1988(60):285-288.
[46] Packard N H,Crutchifield J P,Farmer J D,et al. Geometry from a time series[J]. Phys. Rev. Lett. ,1980,45(6):712-716.

[47] Blair S C, Cook N G. Analysis of compressive fracture in rock using statistical techniques: Part Ⅰ. A non-linear rule based model [J]. International Journal of Rock Mechanics and Mining Science, 1998,35(7): 837-848.
[48] Cohen A, Procaccia I. Computing the kolmogorov entropy from time signals of dissipative and conservative dynamical system[J]. Phys. Rev. A., Gen. Phys. 1985,31(3):1872-1882.
[49] 马军海,陈予恕. 混沌时序相空间重构的分析和应用研究[J]. 应用数学和力学,2000,21(11):1117-1124.
[50] 秦四清,张倬元,王士天,等. 非线性工程地质学导引[M]. 成都:西南交通大学出版社,1993.
[51] 刘传孝,谭云亮,秦广鹏,等. 相空间重构中时滞判定的功率谱分析法[J]. 岩土力学,2004,25(增):83-86.
[52] 孙玉科,牟会宠,姚宝魁. 边坡岩体稳定性分析[M]. 北京:科学出版社,1988.
[53] 王泳嘉,邢纪波. 离散单元法及在岩石力学中的应用[M]. 沈阳:东北大学出版社,1991.
[54] 冯夏庭. 智能岩石力学导论[M]. 北京:科学出版社,2000.
[55] 戴德沛. 阻尼技术的工程应用[M]. 北京:清华大学出版社,1991.
[56] 赵贵兵,石炎福,段文锋,等. 从混沌时间序列同时计算关联维和 Kolmogorov 熵[J]. 计算物理,1999,6(3):309-315.
[57] 高玉良. 移位映射提升的拓扑熵及 σ 的一类混沌集[J]. 东北师范大学学报(自然科学版), 2001,33(4):16-20.
[58] 尹光志,代高飞,万玲,等. 岩石微裂纹演化的分岔混沌与自组织特征[J]. 岩石力学与工程学报,2002,21(5):635-639.
[59] 董聪,何庆芝. 微裂纹演化过程中分岔与混沌现象的描述及若干问题探讨[J]. 力学进展,1994,24(1):106-116.
[60] 夏蒙棼,韩闻生,柯孚久,等. 统计微观损伤力学和损伤演化诱致突变[J]. 力学进展,1995,25(1):1-40.
[61] 刘再华,解德,王元汉,等. 工程断裂动力学[M]. 武汉:华中理工大学出版社,1996.
[62] 业志明. 各向异性材料与混凝土材料断裂力学引论[M]. 北京:中国铁道出版社,2000.
[63] 邓广哲,朱维申. 岩体裂隙非线性蠕变过程特性与应用研究[J]. 岩石力学与工程学报, 1998,17(4):358-365.
[64] 夏熙伦,徐平,丁秀丽. 岩石流变特性及高边坡稳定性流变分析[J]. 岩石力学与工程学报,1996,15(4):312-322.
[65] 陈有亮,孙钧. 岩石的流变断裂特性[J]. 岩石力学与工程学报,1996,15(4):323-327.
[66] 朱维申,张玉军. 三峡船闸高边坡节理岩体稳定分析及加固方案初步研究[J]. 岩石力学与工程学报,1996,15(4):305-311.

[67] 卓家寿,邵国建,陈振雷. 工程稳定问题中确定滑坍面滑向与安全度的干扰能量法[J]. 水利学报,1997(8):80-84.
[68] 秦四清. 斜坡失稳的突变模型与混沌机制[J]. 岩石力学与工程学报, 2000, 19(4): 486-492.
[69] 马知恩,周义仓. 常微分方程定性与稳定性方法[M]. 北京:科学出版社,2003.
[70] 邓建辉,马水山,张保军,等. 清江隔河岩水库茅坪滑坡复活机理初探[J]. 岩石力学与工程学报,2003,22(10):1730-1737.
[71] 马水山,张保军,李迪,等. 清江库岸滑坡稳定性监测设计与监测实施[J]. 人民长江,1995,26(4):25-31.
[72] 钟式范,马水山,张保军. 隔河岩水利枢纽水库蓄水对岸坡稳定性的影响[J]. 岩石力学与工程学报,1996,15(3):282-288.
[73] 马水山,李迪,张保军,等. 茅坪滑坡体位移特征及其发展趋势预测[J]. 长江科学院院报,1994,11(3):72-79.
[74] 任德记,王尚庆,何薪基. 清江隔河岩库区茅坪滑坡变形分析[J]. 人民长江,1999,30(10):29-31.
[75] 马水山,张保军,李端有. 清江库岸滑坡体位移曲线及变形趋势研究[J]. 人民长江,1995,26(12):38-42.
[76] 王尚庆,易庆林,严学清. 清江隔河岩库区茅坪滑坡变形特征及其影响因素[J]. 中国地质灾害与防治学报,1999,10(2):40-44.
[77] 曾开华,陆兆溱. 边坡变形破坏预测的混沌与分形研究[J]. 河海大学学报,1999,27(3):9-13.
[78] 刘传孝. 岩石破坏机理及节理裂隙分布尺度效应的非线性动力学分析与应用[D]. 青岛:山东科技大学,2005.
[79] 刘传孝. 砂岩强度 MTS 试验及阶段特征的混沌动力学研究[J]. 岩土力学,2004,25(12):1910-1914.
[80] 吴子科. 脆性岩石裂纹尖端扩展状态的混沌动力学分析[D]. 青岛:山东科技大学,2007.
[81] 张立俊,刘传孝. 流变围岩巷道支护技术[M]. 北京:煤炭工业出版社,2008.
[82] 刘传孝,贺加栋,张美政,等. 深部坚硬细砂岩长期强度试验[J]. 采矿与安全工程学报,2010,27(4):581-584.
[83] 秦广鹏. 综放顺槽稳定性分析及其混沌动力学评价[D]. 青岛:山东科技大学,2005.
[84] 王龙. 岩石常规试验断裂损伤演化及其控制的分形几何研究[D]. 泰安:山东农业大学,2014.
[85] 张晓雷. 深部岩石蠕变演化特征的分形几何学分析[D]. 泰安:山东农业大学,2016.
[86] 李茂桐. 加筋混凝土力学性能的温度效应分析[D]. 泰安:山东农业大学,2017.
[87] 刘传孝,黄东辰,王龙,等. 岩石蠕变破坏实验曲线的微观阶段特征研究[J]. 煤炭学报,2011,36(S2):219-223.
[88] 夏成俊,陈朝晖,陈珂,等. 早龄期混凝土蠕变模型比较[J]. 土木建筑与环境工程,

2016,38(1):61-68.

[89] 姜明阳,张彬,孙琦.热力耦合作用下浇注式沥青混凝土三轴蠕变特性研究[J].硅酸盐通报,2016,35(9):2962-2966,2979.

[90] 周庆华,沙爱民.高模量沥青混凝土蠕变特性研究[J].郑州大学学报(工学版),2012,33(4):23-27.

[91] 李厚民,张岩,舒展,等.钢纤维改性橡胶混凝土的蠕变特性试验研究[J].混凝土,2016(3):51-55.

[92] 刘传孝,张加旺,张美政,等.分级加卸载硬岩短时蠕变特性实验研究[J].实验力学,2009,24(5):459-466.

[93] 陈宇,姜彤,黄志全,等.温度对沥青混凝土力学特性的影响[J].岩土力学,2010,31(7):2192-2196.

[94] 闵召辉,王晓,黄卫.环氧沥青混凝土的蠕变特性试验研究[J].公路交通科技,2004,21(1):1-3,18.

[95] 周娜.单轴压缩持续荷载作用下混凝土的蠕变破坏研究[D].秦皇岛:燕山大学,2014.

[96] 朱卓慧,赵延林,徐燕飞,等.八种典型岩石力学流变组合模型的教学研究[J].当代教育理论与实践,2011,3(6):85-89.

[97] 何云明.边坡的蠕变机理与失稳预测研究[D].重庆:重庆大学,2005.

[98] Boukharov G, Chanda M, Boukharov N. The three processes of brittle crystalline rock creep[J]. Int. J. of Rock Mech. Min. Sci. and Geomech. Abstr, 1995, 32(4): 325-335.

[99] Jagla E A. Creep rupture of materials: insights from a fiber bundle model with relaxation [J]. Phys. Rev. E, 2011, 83(4): 1-8.

[100] 李兆霞.高压应力作用下混凝土的徐变和徐变破坏[J].河海大学学报,1988, 16(1): 105-108.

[101] 刘国军,杨永清,郭凡,等.混凝土单轴受压时的徐变损伤研究[J].铁道建筑,2012(12):163-165.

[102] 傅强,谢友均,龙广成.混凝土三轴蠕变统计损伤模型研究[J].工程力学,2013, 30(10):205-210.

[103] 熊诗湖,周火明,钟作武.岩体载荷蠕变试验方法研究[J].岩石力学与工程学报,2009,8(10):2121-2127.

[104] 杨永杰,邢鲁义,张仰强,等.基于蠕变试验的石膏矿柱长期稳定性研究[J].岩石力学与工程学报,2015,34(10):2106-2113.